Georg Haddenbach

Bauernregeln Bauernweisheiten Bauernsprüche

FALKEN VERLAG

Vom selben Autor sind im Falken-Verlag unter anderem folgende Titel erschienen:
„Die 12 Sternzeichen“ (Nr. 0385); „Die 12 Tierzeichen im Chinesischen Horoskop“ (Nr. 0423); „So deutet man Träume“ (Nr. 0444).

ISBN 3 8068 4243 4

Titelbild: Peter Paul Rubens, Landschaft mit Regenbogen
Titelgestaltung: Lothar Mielau
Zeichnungen: AS-Design, Offenbach

Satz: TypoBach, Wiesbaden
Druck: Neue Stalling GmbH, Oldenburg

817 2635 4453 62

INHALT

VORWORT

Erfahrung ist das halbe Leben, sagt ein altes Sprichwort. Im Laufe seines Lebens muß jeder Mensch seine Erfahrungen machen, die er dann mehr oder weniger nutzbringend in späteren Tagen anwenden kann. Manch einer gibt seine Weisheit weiter und sorgt so dafür, daß auch der Nachbar, der Freund, die Familie davon profitieren können. Nichts anderes bezwecken die Bauernregeln und -sprüche, die wir in diesem Buch abgedruckt haben. Einige von ihnen sind Jahrhunderte, ja Jahrtausende alt, und doch sind sie auch heute noch zum großen Teil gültig. Oft spricht aus diesen herzhaft-kernigen Sprüchen über Wetter- und Lebenserfahrungen die Naturverbundenheit und die Weisheit des Landvolkes.

Dieses Buch möchte unterhalten. Sie werden hier manches finden, was Sie noch nicht wußten, anderes, das in Ihrer eigenen Familie von Geschlecht zu Geschlecht weitererzählt wurde – einfache Sprüche, die Lebensklugheit widerspiegeln.

Viele bäuerlichen Wetterregeln fußen auf langfristigen Naturbeobachtungen, die die Lebenserfahrung vieler Generationen wiedergeben und trotz Wettersatelliten und modernster meteorologischer Meßgeräte gültig bleiben. Sie, lieber Leser, sollten einmal die Probe aufs Exempel machen. Vielleicht finden Sie dann ein Hobby, das Ihrer Freizeit einen neuen Sinn gibt: die Natur – wie unsere Vorfahren – mit wachen Augen zu sehen.

Georg Haddenbach

Albrecht Dürer (1471–1528)
Hirschkäfer

DIE ZEICHEN AM HIMMEL

Viel gerätselt worden ist über den Ursprung der Bauernregeln. Er liegt wahrscheinlich irgendwo in grauer Vorzeit, als der Mensch begann, das Land zu bearbeiten, um daraus lebensnotwendigen Ertrag zu ziehen. Von jeher war der Bauernstand vom Wetter abhängig, deshalb entstanden Erfahrungsregeln, die von Geschlecht zu Geschlecht weitergegeben wurden.

In unseren Breiten verliert sich der Ursprung dieser Regeln im Ungewissen. Da gibt es kaum schriftliche Aufzeichnungen, wir sind oft auf bloße Vermutungen angewiesen.

Eine der ältesten nachgewiesenen Regeln stammt aus dem Morgenland. Sie lautet:

Wenn ein kleiner Hof steht um die Sonne,
wird bald der Regen herniederfallen.

Dieser Spruch ist wahrscheinlich vier- bis fünftausend Jahre alt. Er wurde in Keilschrift in eine Tontafel geritzt, die aus der Bibliothek des assyrischen Königs Assurbanipal (669 bis 627 vor Christi) stammt, aus der mehrere hundert Tafeln mit meist astrologischen Texten erhalten sind. Hierbei ist zu bemerken, daß die Meteorologie und Astronomie als Teile der Astrologie galten. Der König war nicht nur ein Eroberer, sondern auch ein Förderer von Kunst und Wissenschaft. Er ließ auf besagten Tontafeln Abschriften des wissenschaftlichen und dichterischen Schrifttums aus zwei Jahrtausenden machen, die er in seiner umfangreichen Bibliothek in Ninive aufbewahren ließ.

Mit der Entstehung des Bauernstandes wurden die Gottheiten in Ägypten, aber auch in Babylon personifiziert. Man verehrte Sonne, Mond und Sterne als Götter, weil sie das tägliche Leben beeinflußten. Wenn sie zürnten, konnten sie die Ernte vernichten und die Mühe eines Jahres vergeblich machen. Sorgten sie aber zur rechten Zeit für Regen, so konnte die Saat keimen und mit Hilfe der Sonne gedeihen.

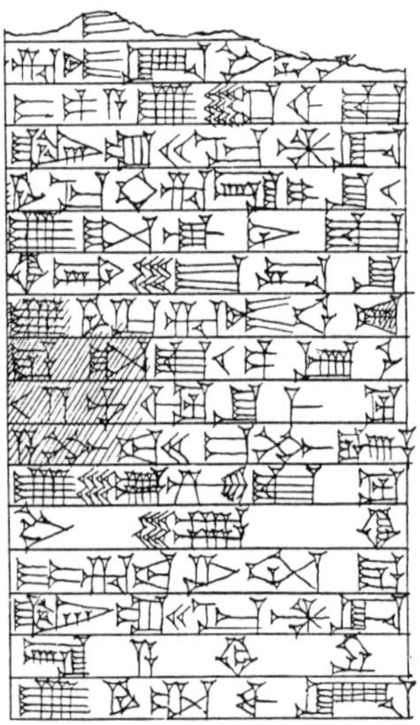

Keilinschrift der Stele Nabonids, des letzten Königs von Babylon, gefunden bei Hilleh (Babylon), enthaltend die erste inschriftliche Nachricht über den Fall Ninives

Im drei Jahrtausende alten Weltschöpfungslied der Babylonier, dessen Abschrift sich ebenfalls in Assurbanipals Bibliothek befand, wurde erstmals über die verschiedenartige Wirkung der Winde geschrieben. In diesem Lied wurde Marduk, der Gott Babylons, verherrlicht:

Er schuf einen bösen Sturm,
einen Wirbelwind, einen Orkan,
den Vier-Wind, den Sieben-Wind,
den verwirrenden Wind,
den Unheilswind . . .

Der alte Wetterglaube ist gewissermaßen Ursprung der Meteorologie, der sich freilich mehr und mehr als Teil der Astrologie erwies, die von den Chaldäern zur Wissenschaft verfeinert wurde. Dieser semitisch-aramäische Volksstamm siedelte etwa um 1000 vor Christi im südlichen Mesopotamien und unterwarf 626 vor Christi ganz Babylonien. Ihm ist die Weiterverbreitung mancher altbabylonischer Wetterregel zu verdanken. Dem Weltschöpfungslied ist zweifellos nachstehender alter chaldäischer Erfahrungssatz entlehnt:

Wenn eine Wolke am Himmel schwarz wird,
bläst bald der Wind . . .

Im Altertum wurden mit der Zeit alle Astrologen als Chaldäer bezeichnet, weil von Chaldäa aus die astrologische Weltbewegung ausging, die bis in unsere Tage ausstrahlt.
Die Chaldäer behaupteten, alles unter dem Himmel sei dem Ratschluß der Götter unterworfen, nichts sei da dem Zufall überlassen – weder die Blitze, die herniederzucken, noch Orkane, die das Land heimsuchen. Auch das Wetter sei Teil der Gesetzmäßigkeit in der Natur, die Götter würden Zeichen an den Himmel setzen, um Kommendes anzukündigen. Aus dem Stand der Gestirne lasen sie das Schicksal der ganzen Menschheit ab. Und da Winde und Wolken, Stürme und Gewitter das Leben auf der Erde beeinflussen, bezogen

sie in ihre astrologischen Erkenntnisse gleich Wetterprognosen mit ein, wie sie auf den Keilschrifttafeln des assyrischen Königs Assurbanipal verewigt sind.
Der Wetterglaube des Altertums, daß nämlich Götter, Geister und Dämonen ihre jeweilige Stimmungslage in eitel Sonnenschein oder gefahrdräuenden Wolken abreagieren, hielt sich noch bis in die neuere Zeit. Mit allerlei magischen Mitteln versuchte man, den dunklen Kräften Herr zu werden, mit Opfergaben den Sanftmut der Götter zu erlangen, oder – als christliche Version – an Christi Himmelfahrt mit einer Prozession über die Felder Schutz vor Unwettern zu erbitten.
Bei den alten Griechen wurden Bauern- und Wetterregeln von großen Dichtern und Philosophen weiterverbreitet. Man kennt sie aus Homers Odyssee und aus Hesiods „Werk und Tage" (um 700 vor Christi), woraus wir zum Beispiel folgenden Spruch entnehmen können:

Wenn die Schnecke aus dem Boden
auf die Stöcke steigt,
soll man nicht mehr umgraben.

Der große griechische Denker Aristoteles (384–322 vor Christi), der die gesamte wissenschaftliche Forschung seiner Zeit beherrschte, schrieb auch über die Meteorologie, die er in seine Lehre vom ewigen Kreislauf der Natur verpackte. Sein bedeutendster unmittelbarer Schüler, Theophrastos (372–287 vor Christi), kannte schon die Regel, daß Morgenrot schlechtes Wetter bringen würde, und daß es bestimmt regnen müsse, wenn die Schwalben niedrig fliegen.
Im Lehrgedicht des Aratos (271–213) finden sich gleich mehrere Regeln verankert, die uns in einer besonders eindrucksvollen Übersetzung von A. Schott vorliegen:

... daß es bald zum Regen kommt, das lehrten
oft Wolken, weich zerzaust,
wie Wolleflocken und
ins hohe Blau gemalt zwei Regenbogen bunt; auch

wenn mit schwarzem Hof ein Stern sich zeigte dir.
Auch wenn die Vogelschar mit unbezähmter Gier
einfällt in Sumpf und See des Badens halber; auch
wenn über einen Sumpf hinschießen, mit dem Bauch die
Schwalben mehr und mehr sich nahen der trüben Lake;
auch wenn dort stärker wird des Fröschenvolks Gequake,
des quappenzeugenden, an dem die Wasserschlange
sich letzt', auch wenn bereits am frühen Morgen bange
das Käuzlein ruft; auch wenn am Meer behend die Krähe
sich stürzt zu einer Festlandszunge – Sturmesnähe
bekundet sie...

Aristoteles (384–322 v. Chr.), nach einem Kupferstich von 1561

Solche Regeln finden wir in der „Georgica" des römischen Dichters Vergil (70–19 vor Christi):

Wenn sich ein Sturm anhebt,
schwillt gleich die offene Meeresflut
mächtig wallend herauf,
auch schallt vom hohen Gebirge
Prasseln und schallender Lärm,
die widerhallende Küste
dröhnet vom Aufruhr weit hinaus,
laut murren die Wälder...

Rembrandt (1606–1669)
Gewitterstimmung

Und Plinius der Ältere, der beim Vesuvausbruch im Jahre 79 vor Christi ums Leben kam, gab diese Regel wieder:

Futterlaub soll bei abnehmendem Mond gewonnen werden, sonst beginnt es rasch zu faulen.

Der Mond spielt in den alten Regeln überhaupt eine große Rolle, galt er doch, wie die Sonne, bis ins Mittelalter hinein als Planet, und selbst moderne Astrologen berichten von

seiner planetarischen Wirkung auf den Charakter und das Leben eines Menschen.
Römische und griechische, aber auch orientalische Regeln wurden in Mitteleuropa schnell bekannt. Vor allem die „Lauteren Brüder", ein arabischer Geheimbund, der eine freie philosophische Richtung anstrebte, machte sich um die Erfassung solcher meteorologischen Weisheiten verdient. In einer Enzyklopädie wurden viele Wettersprüche wissenschaftlich umgedeutet. Auch wenn diese lexikalische Fas-

Caspar David Friedrich (1774–1840) Mondaufgang am Meer (Ausschnitt)

Das Weltsystem des Ptolemäus auf einer Darstellung um 1496

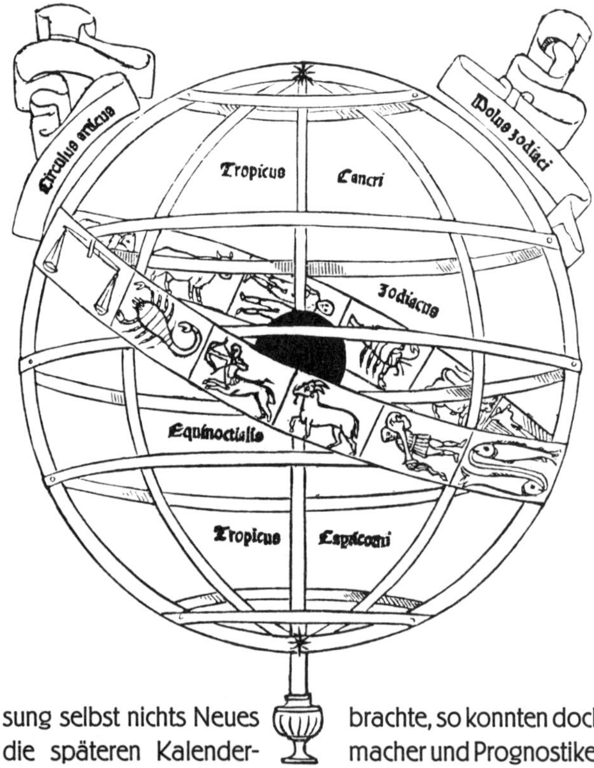

sung selbst nichts Neues brachte, so konnten doch die späteren Kalendermacher und Prognostiker von der arabischen Sammlung profitieren.

Manche unserer altbekannten Bauernsprüche sind daher nichts anderes als die auf unsere Verhältnisse angewandten Beobachtungen der Chaldäer, Griechen, Römer und Araber. Besonderen Einfluß auf die späteren Wetterregeln hatte der Ägypter Ptolemäus, der um 100 bis 160 nach Christus in Alexandria lebte. Sein großes astronomisches System „Syntaxis mathematica" wurde 827 ins Arabische übersetzt und erst im 12. Jahrhundert ins Lateinische übertragen. Vor allem seine Astrologie, nach der man aus den Gestirnen nicht nur das menschliche Schicksal, sondern auch das Wetter und Naturereignisse vorausbestimmen können sollte, fand bei den recht abergläubischen Mitteleuropäern fruchtbaren Boden. Die Astrometeorologie feierte bis weit in die Neuzeit hinein Triumphe.

Schon im 12. Jahrhundert lagen die ersten Traktate dazu vor. Aber erst die Erfindung der Buchdruckerkunst um die Mitte des 15. Jahrhunderts machte diese Art der Wettervorhersage volkstümlich. Bis zum Ende des 15. Jahrhunderts waren im deutschen Sprachgebiet jährlich bereits drei bis vier Prognostiken in lateinischer Sprache erschienen, die auch ins Deutsche übertragen wurden.

Das „Wetterbüchlein" von Leonhard Reynman gilt als das älteste meteorologische Druckwerk in deutscher Sprache. Es

Prognosticon Astrologicum,
Oder
Teutsche Practica / Von
den vier Zeiten / Finsternussen und andern zufellen / dises nach Christi unsers Herrn unnd Seligmachers Geburt M. D. LXXX. Jars / Nach Erschaffung der Welt / 5542. Auß warem grund der Astronomen mit sonderm fleiß und auff das kürtzst beschriben und gestellet / zu Glückseliger Regirung /
Dem Durchleuchtigen / Hochgebornen Fürsten und Herrn / Herrn Georgen Friderichen / Marggraffen zu Brandenburg / in Preussen / zu Stetin / Pomern / der Cassuben und Wenden / Auch in Schlesien zu Jegerndorff / und rc. Hertzogen / Burggraffen zu Nürnberg / und Fürsten zu Rügen / rc. Meinem Genedigen Fürsten und Herrn.
Durch M. Georgium Cælium zu Leutershausen.

Mars. Finsternuß des Mons im Löwen.

„Teutsche Practica", aus der 2. Hälfte des 16. Jahrhunderts

Büste des römischen Feldherrn und Staatsmannes Gaius Julius Caesar (100–44 v. Chr.)

erschien 1505 unter dem Titel „Von warer erkantnus des wetters" und enthielt neben astrologischen Zeichen und Hinweisen vor allem Bauernregeln. Reynmans „Bauern-Praktik" wurde eines der meistgelesenen Bücher in Mitteleuropa. Sie war bis in unsere Tage Vorbild für viele Kalender, obwohl sie nur zwischen sieben und zehn Seiten umfaßte. Bis 1854 können etwa siebzig Neuausgaben, Bearbeitungen und Übersetzungen dieser Bauern-Praktik nachgewiesen werden.
Im Laufe der Jahre wurden die Prognostiken und Kalender inhaltlich verfeinert. Beliebt aber blieben die Lostagsregeln, die sich auf bestimmte Namenstage von Heiligen bezogen. An diesen Tagen wird angeblich das Los, das Schicksal bestimmt. Viele dieser alten Regeln können heute nicht mehr auf den Tag genau angewendet werden, weil der bis ins Mittelalter gültige Julianische Kalender 1582 richtiggestellt wurde.
Im alten römischen Kalender hatten die Monate 29 oder 31 Tage, da gerade Zahlen aus purem Aberglauben abgelehnt wurden. Das Jahr begann am 1. März, was die Monatsnamen September, Oktober, November und Dezember (siebter, achter, neunter und zehnter Monat) noch heute beweisen. Wenn der Jahreslauf der Einteilung nicht mehr entsprach, wurden willkürlich einfach Tage oder Monate eingeschaltet und die Zeitrechnung damit wieder in Ordnung gebracht.
Erst im Jahre 46 vor Christi Geburt ließ Julius Cäsar den Kalender reformieren: Das nach ihm benannte Julianische Jahr dauerte 365 Tage, durch Einschaltung eines zusätzlichen Tages in den durch 4 teilbaren Jahren ergab sich ein Durchschnitt von 365,25 Tagen. Leider hatten Cäsars Kalendermacher übersehen, daß das Jahresmittel eigentlich bei 365,2422 Tagen liegt. Am Ende des 16. Jahrhunderts war der Unterschied auf 10 Tage angewachsen, weshalb Papst Gregor XIII. nach langen Beratungen mit Wissenschaftlern im Jahre 1582 anordnete, daß auf den 4. Oktober gleich der 15. Oktober 1582 folgen sollte, damit im darauffolgenden Jahr der Frühlingsanfang wieder auf den 21. März falle.

Schaltjahre waren von da an zunächst alle durch 4 teilbaren Jahre mit Ausnahme der vollen Jahrhunderte. Solche Säkularjahre sind nur noch Schaltjahre, wenn ihre ersten beiden Ziffern durch 4 teilbar sind. Das nächste Jahrhundert-Schaltjahr ist also das Jahr 2000. Der Gregorianische Kalender hat ein Jahresmittel von 365,2425 Tagen, so daß er erst um das Jahr 4600 einen Tag vom Lauf der Sonne abweichen wird.

Durch die Einführung dieses Kalenders, den katholische Länder sofort, evangelische erst nach 1700 übernahmen, waren manche Bauernregeln, die sich auf Lostage bezogen, um zehn Tage verschoben. Erst im Laufe der Zeit wurden einige von ihnen richtiggestellt, neue Regeln kamen hinzu. Unverändert aber blieben jene zeitlosen Sprüche, die sich auf Sonne, Mond und Sterne, auf Wolken, Nebelbildungen und andere Naturerscheinungen bezogen.

Papst Gregor XIII. (1502–1585)

ANDER WIND – ANDER WETTER

Schon seit Urzeiten bezieht der wetterkundige Bauer seine Weisheit aus erster Hand: Wind und Wolken zeigen ihm an, wie sich das Wetter wenden wird. Weiß er erst, woher der Wind weht, richtet er seine Tagesarbeit darauf ein. Aber wie die Meteorologen ist auch er nie ganz sicher, ob das eintreffen wird, was er aufgrund seiner Beobachtungen erwartet. Denn wie schnell kann sich der Wind drehen, können sich die Wolken auftürmen und mit Blitz, Donner und Hagel orkanartig auf das Land niederfahren. Fromme Bauern mögen das ihren Kindern dann so erklärt haben:

Seit die Bauern die zehn Gebote nimmer halten,
hält auch Gott die Wetterregeln nimmer.

Das Ungewisse einer gültigen Wettervorhersage schlägt auch in einer anderen bäuerlichen Weisheit nieder:

Gott macht das Wetter,
und die Menschen machen den Kalender.

In den Wetterregeln, die auf uralten bäuerlichen Beobachtungen beruhen, wird manches langfristig vorausgesagt, was sogar die Meteorologen als zutreffend anerkennen, auch wenn sie selbst langfristigen Wettervorhersagen skeptisch gegenüberstehen. Diese Skepsis teilte der Landmann schon vor einigen Jahrhunderten:

Wer zu weit voraussehen will,
sieht oft falsch.

Auch wenn er feststellen konnte, daß viele Wetterbeobachtungen seiner Vorfahren eintrafen, traute er doch dem Wind und den Wolken nicht:

Wer auf den Wind achtet,
der säet nicht;
wer auf die Wolken siehet,
erntet nicht.

Wetter und Wind – ändern sich geschwind.

Friedrich Naht
Kurische Nehrung um 1890

Eine gesunde Skepsis ist aller Weisheit Anfang. Die jahrhundertealte Bauernregel

Ander Wind – ander Wetter!

wird von unseren Meteorologen bestätigt: Jede Änderung der Windrichtung bringt ein anderes Wetter mit sich. Dreht sich der Wind urplötzlich, so kann sich der ganze Wettercharakter ändern. Fast immer verschlechtert sich das Wetter, wenn in unterschiedlichen Höhenlagen der Wind aus verschiedenen Richtungen bläst.

Ziehen die Wolken dem Wind entgegen,
gibt's am anderen Tage Regen.

Das ist auch bei plötzlicher Windstille der Fall:

Wenn heftige Winde sich legen, – folgt Regen.

In unseren Breiten hat sich bis auf den heutigen Tag die alte Bauernregel bestätigt, daß westliche Winde feuchte Meeresluft mit sich bringen, aus dem Norden kalte Polarluft einströmt, von Osten ein trockener, recht unterschiedlich temperierter Wind weht und daß Winde aus dem sonnigen Süden unsere Temperaturen aufheizen können.

Um die Windrichtung zu messen, hatte die Landbevölkerung früher ein einfaches Mittel zur Hand:

Wirf Spreu in die Luft
und du wirst sehen,
woher der Wind kommt.

Im allgemeinen legt sich der Wind bei Nacht, während er am Tag auflebt. Ist es einmal umgekehrt, gilt die alte Regel:

Wind in der Nacht – am Tage Wasser macht.

Der Westwind kommt vom Atlantischen Oezan her. Er führt der Atmosphäre die meisten Wasserdünste zu. Über uns ballen sie sich zu dichten Wolkenfeldern und bescheren uns im Sommer manchen Landregen und im Winter bei gelinden Temperaturen Schnee oder Regen.

Oft gibt der West – schönem Wetter den Rest.

Der Nordwestwind läßt die Temperaturen absinken. Er zieht kalte und feuchte Witterung ins Land. Vom Nordwind weiß der Landmann zu sagen:

Der Nordwind ist ein rauher Vetter,
aber er bringt beständig Wetter.

Beständig – das bedeutet nicht unbedingt schönes Wetter. Im Sommer heißt es über den rauhen Gesellen aus dem hohen Norden oft: „Für die Jahreszeit zu kühl". Im Winter bringen die eher feuchten Luftmassen polaren Ursprungs Schneegestöber mit darauffolgender Kälte, die zu einer gewissen Wetterbeständigkeit führt.
Der übers große osteuropäische Flachland einherkommende Ostwind sorgt im Sommer für Trockenheit, im Winter für eisige Kälte. Mit Regen oder Schnee hat er wenig zu tun.

Der Wind vom Aufgang
ist schönen Wetters Anfang.

Mit Ostwind – schön Wetter beginnt.

Die trockene Luft aus dem Osten läßt eine gewisse Wetterberuhigung erhoffen, da sie die durch die große Wasserverdunstung über dem Atlantischen Ozean aufsteigenden Wolken nach Westen zurückdrängt.

Wenn der Wind der Sonne folgt,
so bleibt das Wetter tagelang gut.

Trotzdem hat es der Landwirt gar nicht so gern, wenn der Wind lange aus dem Osten weht, weil man dann nicht unbedingt auf eine gute Ernte schließen kann:

Wenn Ostwind lange weht,
ein teuer Jahr entsteht.

Der trockene, im Winter eisige Wind macht Menschen mit labiler Gesundheit Sorgen:

Wind aus Ost
bringt den Kranken schlechten Trost.

Der Südostwind hält sich nie lange, gleicht aber im Charakter dem aus dem Osten, so wie der Südwestwind dem aus dem

Caspar David Friedrich
(1774–1840) Ziehende Wolken

Süden ähnelt, ein warmer Wind, mit dem man auch seine schlechten Erfahrungen machen kann:

Weht der Wind dauernd aus Süden,
ist uns bald Regen beschieden.

Südwind kalt – wird selten drei Tage alt.

Wind aus dem Süden läßt auf wärmeres Wetter hoffen, das sich im Sommer freilich oft in Gewittern entlädt, im Winter den Schnee wegtaut.
Die Windregeln, die wir hier wiedergegeben haben, sind nicht unumstößlich. Im Gebirge hat jeder Ort seine eigene Wetterecke, die manche Bauernregel auf den Kopf zu stellen scheint. Wir kennen den warmen und trockenen Fallwind der Alpen, den Föhn, der von den Bergen der Nordkette herunterströmt ins Tal und die Wolken aus West, Nord und Ost vertreibt. Föhnfühligen Menschen brummt dann der Kopf. Zwar bringt der Föhn den Sonnenschein mit, aber er saugt auch die Feuchtigkeit im Tal auf. Die Luft wird mit Feuchtigkeit angereichert und sobald diese auf kältere Luftmassen trifft, weicht der Föhn einem heftigen Landregen. Im Winter frißt er innerhalb weniger Stunden den Schnee und läßt die Skifahrer ihre Brettln einpacken. Ein alter Bauernspruch aus der Schweiz sagt über den alpenländischen Fallwind:

Der Föhn macht das Wetter schön;
wenn er vergohd, fällt er ins Kot.

Zwar sind nach einer alten Erfahrung auf hohen Bergen die Winde rauher als im Tal, aber die Flachländler und Vorgebirgler haben keine gute Erfahrung mit dem, was da aus den Bergen herniederweht:

Wenn es aus den Bergen windet,
so stürmt es über die Ebene.

DER WOLKEN WASSERDAMPF

Stratus

Der Wind treibt die Wolken vor sich her, läßt sie sich auftürmen zu hohen Gebirgen oder verjagt sie und macht dem schönen Wetter Platz. Wissenschaftlich gesehen, entstehen Wolken durch Verdichtung der Luftfeuchtigkeit bei Abkühlung unter den Taupunkt. Laienhaft ausgedrückt, ist eine Wolke nichts anderes als der Wasserdampf, der aus dem Erdboden oder aus Gewässern zum Himmel aufsteigt, dort abkühlt und in oft bizarren Gebilden sichtbar wird. Selbst die kleinste Wolke ist feuchtigkeitsgeladen, aber:

Nicht jede Wolke regnet.

Kumulus

Die niedrigsten Wolken sind die Schichtwolken (Stratus). Sie ziehen in höchstens sechshundert Metern über der Erde dahin, liegen auch oft wie Nebel knapp über dem Boden. Als Schönwetterwolken kennen wir die Haufenwolke (Kumulus). In der wärmeren Jahreszeit zeigen sich in etwa zweihundert bis sechshundert, manchmal auch bis zu zweitausend Meter Höhe, an Vormittagen Kumuli, die sich bis zum Abend dann auflösen. Vor diesen meist weißen Himmelsgebilden fürchtet sich der wetterkundige Bauer nicht:

Weiße Wolken – befeuchten die Erde nicht.

Wenn Haufenwolken sich aber schon in der Nacht oder am frühen Morgen zeigen, verdichten sie sich vielfach bis zum Abend, woraus sich wohl die Regel ableitete:

Eine kleine Morgenwolke macht
oft ein großes Abendgewitter.

Manchmal quellen Wolken nach oben auf, weshalb man sie Quellwolken nennt. Je höher sie sich dann auftürmen, desto eher ist ein Gewitter zu erwarten.

Kumulonimbus

Auf dicke Wolken – folgt schweres Wetter.

Nimmt eine solche Gewitterwolke (Kumulonimbus) eine gelbliche bis schwärzliche Färbung an und türmt sie sich besonders hoch auf, so ist mit Hagel zu rechnen, der die Temperaturen selbst an heißen Sommertagen sehr schnell absinken läßt:

Hagel im Feld – bringt Kält'.

Auf (Hagel-)Schloßen – folgt Kälte.

Die Regenwolke (Nimbus, Nimbostratus) bildet sich unterhalb sechshundert bis über sechstausend Meter Höhe. Oft hängt sie wie ein Nebeschwaden über uns und verdunkelt den Himmel.

Trübe Wolken sind – selten ohn' Regen.

Dunkle Wolken verkünden Regen.

Wenn nicht gerade ein Orkan über das Land fegt, gewinnt der Bauer Regen und Schnee eigentlich nur gute Seiten ab:

Nach Schnee und Regen – kommt Segen.

Helle Wolken, wenig Regen;
schwarze Wolken bringen Segen.

Die „himmlische Gießkanne" nimmt dem Landwirt manche Arbeit ab. Sie bewässert seine Felder und läßt die Saat keimen und sprossen. Wenn der Sturm die Regenwolken peitscht, prasselt zwar der Regen hernieder, aber er ist nur von kurzer Dauer:

Aus einer großen Wolke kommt
oft nur ein kleiner Regen.

Die Schäfchenwolke (Zirrokumulus) ist eine hohe Eiswolke oberhalb sechstausend Metern. Wenn sie am Abendhimmel steht, so löst sie sich meist während der Nacht auf und bringt schönes Wetter:

Wenn Schäfchen am Himmel stehen,
kann man ohne Schirm spazieren gehen.

Schäfchen, die hoch am Himmel weiden,
immer nur gute Tage bedeuten.

Je weißer die Schäfchen am Himmel geh'n,
je länger bleibt das Wetter schön.

Schäfchenwolken am Morgenhimmel, die gezupfter Wolle gleichen, gewissermaßen „grobe Schäfchen", bringen dagegen Niederschlag:

Wenn der Himmel gezupfter Wolle gleicht,
das schöne Wetter dem Regen weicht.

Fassen wir zusammen: Wenn sich die Wolken zu einer Wand zusammenziehen, wenn die verschiedensten Wolkenformen aufeinandertreffen, wenn sie mehr und mehr „Farbe" annehmen, wenn der Wind sie aus mehreren Richtungen zusammentreibt, dann ist mit schlechtem Wetter zu rechnen. Zu Recht beobachteten die Bauern schon vor Jahrtausenden den Zug der Wolken:

Wer auf jede Wolke acht hat,
versteht sich wohl aufs Wetter.

Übrigens: Im Winter bilden Wolken einen Schutz gegen übergroße Kälte. In sternklaren Nächten aber kann der Frost sein Spiel treiben.

Glücklich das Land, – wo die Wolken wintern.

Nimbostratus

Von warer erkantnüs des wetters Also das ain yeder/er sey geleert oder vngeleert/durch alle natürliche anzaygung die änderung des wetters aygentlich vnd augscheinlich wissen vnd erkennen mag/getzogen vnd gegründt auß den Regeln der hochberümbtsten Astrologen/vnd dartzů durch die täglichen erfarung (die ain maysterin ist aller kunst) bewärt.

„Von warer erkantnus“, Wetterbüchlein von Leonhard Reynman aus dem Jahre 1505

WENN DIE NEBEL FALLEN …

Der Nebel besteht aus in der Luft schwebenden, äußerst winzigen Flüssigkeitströpfchen. Anders ausgedrückt: Nebel ist eine Wolke, die auf der Erde liegt. Er bildet sich, wenn abgekühlte Luft über wärmeres Wasser oder erwärmtes, feuchtes Erdreich streicht.
In den Sommermonaten kühlt sich die Luft in der Nacht ab, über dem erwärmten Land oder Wasser bilden sich Millionen und Abermillionen Flüssigkeitströpfchen, die am frühen Morgen, wenn die Sonne herauskommt, sich zu Nebel verdichten. Drückt dann die Sonne diese Tröpfchen herunter, löst sich also der Nebel auf, kann man immer mit einem schönen Tag rechnen.
Das wußte man schon im Altertum. So schreibt der römische Dichter Vergil in seiner „Georgica“:

Wenn der Nebel aufsteigt,
verspricht er allgemein Regen.

Und Leonhard Reynman schrieb 1505 in seinem Wetterbüchlein:

Wenn nebel von den pergen absteygen
oder vom hymel fallen oder in den
tälern ligen, bedeut schön wetter.

Eine alte deutsche Bauernregel faßt diese beiden Aussagen zusammen:

Wenn der Nebel fällt zur Erden,
wird bald gutes Wetter werden;
steigt der Nebel nach dem Dach,
folgt bald großer Regen nach.

Meteorologen bestätigen, daß nach Auflösung von Hochnebelfeldern, die auf die Erde niederfallen, wieder sonniges

Wetter herrscht. Das wird auch durch diese uralten Bauernregeln erhärtet:

Grauer Morgen – schöner Tag!

Nebliger Morgen, goldiger Abend.

Fallender Nebel und Nebelregen
schönes Wetter zu machen pflegen.

Aber:

Was als Dunst aufsteigt, fällt als Regen nieder.

Insgesamt ist der Nebel kein Feind des Bauern, denn:

Ohne Nebel gibt es kein Grünfutter.

Neblig Jahr – macht fruchtbar gar.

Der Nebel sorgt für eine natürliche Bewässerung von Wiesen und Feldern, indem er sich nach seiner Auflösung meist wie Tau auf der Erde niederschlägt.
Wenn aber im Winter der Nebel über zugefrorenen Gewässern dampft, so bringt er große Kälte mit:

Entsteiget Rauch gefrorenen Flüssen,
so ist auf strenge Kälte zu schließen.

Steigt er dann empor, so fällt er todsicher wenig später als Schnee hernieder.

Nebel, der stark näßt und dunkelgrau und dick über der Landschaft liegt, zieht meist einige Tage schlechtes Wetter nach sich. Bei frostiger Kälte zeigt er oft Tauwetter an.
Natürlich entstehen Tau und Reif auch ohne Nebelbildung. In klaren Sommernächten setzt sich der Wasserdampfgehalt

der Luft oft an kalten Steinen, Pflanzen und am kühlen Boden ab. Viele Pflanzen verdanken dieser Naturerscheinung das Überdauern von Trockenheitsperioden. Der Bauer schätzt das sehr:

Ein guter Tau ist soviel wert
wie ein schwacher Regen.

Wenn Gott es nicht regnen läßt, so läßt er es tauen.

Starker Tau zeigt meist schönes Wetter an:

Wenn am Morgen kein Tau gelegen,
warte bis Abend auf sicheren Regen;
fällt aber Regen wie feiner Staub,
an gut' Wetter glaub'!

Häufig starker Tau
hält den Himmel blau.

Caspar David Friedrich
(1774–1840)
Der Morgen

In der kalten Jahreszeit ist es der Reif, der den Tau ersetzt. In klirrenden Frostnächten bildet sich der Rauhreif, der nicht nur den Erdboden bedeckt, sondern auch Bäume und Hausdächer weiß überzuckert.

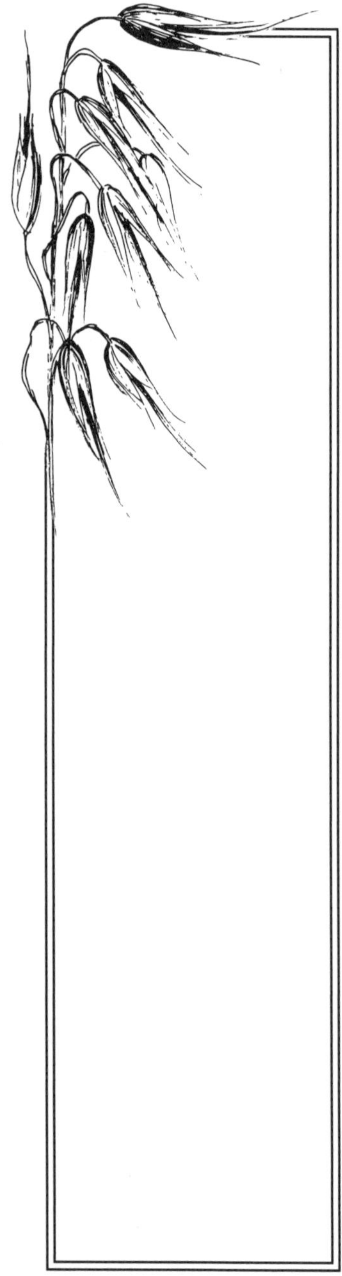

ZUWEILEN REGEN BRINGT SEGEN

Das Regenwasser enthält viele Stoffe, die den Boden auf natürliche Weise düngen. Allein daraus ersieht man, wie wichtig der Regen zu bestimmten Jahreszeiten für den Bauern ist. Wenn es nach der Aussaat aus grau verhangener Wolkendecke wie aus Gießkannen schüttet, kann das für die Entwicklung des Saatguts nur förderlich sein.
So notwendig der Regen für die Bewässerung der Felder und Wiesen ist, wenn er zur rechten Zeit herniederfällt, so katastrophal wirkt er sich aus, wenn er zur Erntezeit alles unter Wasser setzt und die Frucht faulen läßt. Ganz anders ist es im Winter, wenn eine dicke Schneedecke das Land zudeckt und vor der Unbill der Witterung schützt.

Regenjahr – Notjahr;
Schneejahr – Brotjahr.

Besonders den Frühregen hat der Bauer gern, weil der nie lange anhält. Hier gelten die Erfahrungssätze:

Frühregen und Brauttränen
dauern solang wie's Gähnen.

Frühregen und frühe Gäste bleiben selten über Nacht.

Frühregen entweicht,
eh' die Uhr auf zwölfe zeigt.

Regen in der Frühe gelt
als gut Zeichen aller Welt.

Fällt morgens Regen wie feiner Staub,
an gut Wetter glaub'.

Es ist meteorologisch erwiesen, daß sich Regen, der frühmorgens niederfällt, wie Nebel kaum lange hält. Dagegen können sich um die Mittagszeit aufziehende Regenwolken zu einem Dauerregen verdichten.

Der stärkste Regen fängt mit Tropfen an.

Besser ein ordentlicher Regen,
als ein stetes Tröpfeln.

Wie lange ein Regen dauern würde, sollte man den Hühnern ansehen können.

Wenn es regnet und die Hühner
treten unter, so regnet es fort;
bleiben sie aber im Freien,
so hört es bald wieder auf.

Eine lange Regenzeit unterbricht des Bauern Arbeit auf dem Feld, weshalb er klagt:

Alltäglicher Regen
ist ungelegen;
zuweilen ein Regen
ist ein Segen.

Viel Naß – wenig ins Faß.

Ein Regenjahr ist kein Segenjahr.

Und diese Erfahrungen macht der Landmann ebenfalls mit dem Regen:

Ein kleiner Regen dämpft ein großes Gewitter.

Regen bei Sturm und Wind
legt den Sturm geschwind.

Kleiner Regen löscht großen Staub.

Kleine Regen machen auch naß.

Wenn Gott will, regnet es bei jedem Winde.

Nachts Regen, Tages Sonne
füllet Scheuer, Sack und Tonne.

Ließe der Himmel nicht Wasser regnen,
so wäre kein Wein.

Die Erde will Regen.

Ein Tag Regen tränkt sieben dürre Wochen.

Ein alter Kalendermacher faßte diese Erfahrungen über den Regen in einem hübschen Gedicht zusammen:

Tönet hell der Glockenschlag,
und das Holz nicht brennen mag,
wenn Gebirge schwarz ausseh'n,
bleich erscheinen Himmelshöh'n,
Mond und Sonne schwach nur schimmern,
und die Sterne blinken, flimmern,
wenn der Rauch nicht grade steigt,
Nässe sich am Salze zeigt,
wenn die Spinne sich verkriecht,
tief die Schwalb' am Boden fliegt,
wenn die Katzen sich lecken und streichen,
das Vieh sich reibt an Hals und Weichen:
dann, sei der Himmel noch so schön,
kommt Regen zu dir, du wirst seh'n.

Ludwig Richter (1803–1884)
Regenbogen

WUNDERSCHÖNER REGENBOGEN

Auch aus dem wunderschönen Regenbogen kann der Bauer sehen, wie das Wetter werden könnte. Der Regenbogen ist eine optische Lufterscheinung, die durch Brechung und Reflexion des Sonnenlichtes in Regentropfen entsteht. Er ist ein kreisbogenförmiges Band, an der von der Sonne abgekehrten Seite des Himmels und zeigt die Farben des Spektrums, wobei es vom äußersten Rand rot bis zum innersten violett gefärbt ist. Und so deutet der Wetterkundige die Folgeerscheinungen des Regenbogens:

Regenbogen am Morgen – des Hirtens Sorgen;
Regenbogen am Abend – den Hirten labend.

Regenbogen am Morgen – läßt für Regen nicht sorgen.

Regenbogen nach vier
gibt den anderen Tag mehr.

Regnet es am Abend um sechs
in einem Regenbogen,
so regnet's am andern Tag weiter.

Ludwig Richter (1803–1884)
Wettersturm

Blitzschlag,
nach einem Kupferstich von
Schellenberg (1740–1806)

DAS HIMMLISCHE DONNERWETTER

Natürlich haben die Landleute vor dem Gewitter Angst, weil nur zu leicht der Blitz in ihre Gehöfte einschlagen kann. Immerhin haben Blitze Stromstärken von 20 000 bis zu mehreren 100 000 Ampère und Temperaturen von 25 000 bis 30 000° C. Und obwohl um 1800 bereits der Blitzableiter erfunden wurde, brennen noch heute Gehöfte, vor allem Scheunen, durch einschlagende Blitze ab.
Auch Menschen, die im Freien arbeiten müssen, sind vom Blitzschlag bedroht. Im Mittelalter half dagegen nur Beten. Man entzündete die am Lichtmeßtag geweihten Kerzen, aber vielerorts blieb man skeptisch:

Ein Pfenniglicht schützt so gut
vor Blitz als eine Talerkerze.

Wenn's donnert,
wachen die Gebetbücher auf.

Wer das Gewitter zerläuten will,
den trifft es.

Man wußte genau, wo der Blitz am ehesten einschlagen würde:

Ein Harnisch zieht den Blitz
mehr an als ein Kittel.

Der Blitz trifft mehr Bäume als Grashalme.

Was der Blitz treffen will, das trifft er schnell.

Hohe Häuser trifft der Blitz am ersten.

Blitze, die beiseit' vom Wetter entstehen,
sind die gefährlichsten.

Ein rechtschaffener Blitz spaltet Felsen.

Starkes Donnerwetter schafft freilich mehr Angst als sekundenschnelle Blitze:

Ein Donner macht mehr Getümmel als zehn Blitze.

Recht zahlreich sind die Gewitterregeln, von denen wir hier noch einige kommentarlos folgen lassen wollen:

Wetter, die langsam ziehen, schlagen am schwersten.

Je mehr Donnerwetter, desto fruchtbarer das Jahr.

Wenn es blitzt von Westen her,
deutet's auf Gewitter schwer;
kommt vom Norden her der Blitz,
deutet es auf große Hitz'.

Auf Donner folgt gern Regen.

Starker Donner, kleine Wetter.

Wenn's auf den trocknen Boden donnert,
dann blüht eine Hitz',
und wenn's auf den nassen Boden donnert,
so blüht ein Regen.

Wenn's viel donnert und blitzt,
wenig Korn am Buchweizen sitzt.

Gewitter ohne Regen – ist ohne Segen.

Wenn du vorm Blitz nur sicher bist –
der Donner schadet nicht.

Es trifft nicht jeder Blitz.

Dampft das Strohdach nach Gewitterregen,
kehrt's Gewitter wieder auf anderen Wegen.

Zum Schluß wollen wir noch eine viel kritisierte Bauernregel zitieren, die schon im Mittelalter als Ratschlag galt.

Vor den Eichen sollst du weichen,
vor den Fichten sollst du flüchten,
auch die Weiden sollst du meiden,
doch die Buchen mußt du suchen,
und die Linden mußt du finden.

Bekannt ist diese Regel vor allem auch in verkürzter Form:

Vor den Eichen mußt du weichen;
doch die Buchen mußt du suchen.

Tatsächlich schlägt der Blitz nach statistischen Berechnungen sehr viel häufiger in Eichen, Nadelbäume oder Weiden ein, als in Buchen oder Linden. Insoweit wird die alte Bauernregel bestätigt. Trotzdem raten wir niemandem, bei einem Gewitter unter einer einzeln stehenden Buche oder Linde Schutz zu suchen, denn wir haben ja schon erfahren, daß Blitze eher in hohe Bäume als in Grashalme einschlagen. Von jeher legten sich die Bauern, wenn sie bei der Arbeit auf dem freien Felde von einem Unwetter überrascht wurden und nicht mehr flüchten konnten, flach auf die Erde und warteten geduldig ab, bis das Wetter vorüberzog. Das war und ist in solchem Fall der beste Blitzschutz.

WETTERMACHER SONNE

Die Sonne ist der eigentliche Wettermacher am Himmelsgewölbe. Sie sorgt durch ihre Wärme dafür, daß die Feuchtigkeit vom Boden und von den Gewässern als Wasserdampf aufsteigt und sich zu Wolken verdichtet.

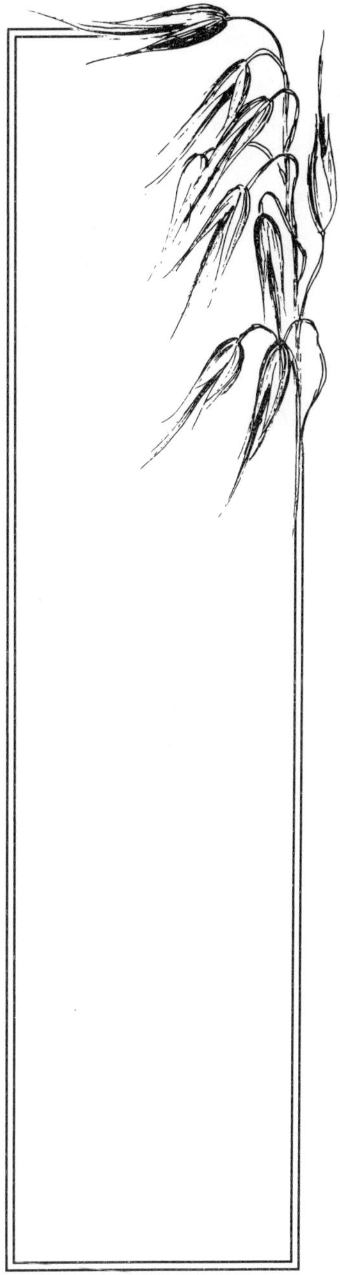

Recht zahlreich sind die Wetterregeln, die sich um die Sonne drehen:

Sobald die Sonne aufzieht,
halten die Frösch' ihre Goschen.

Früher Sonnenschein – bringt abends Regen ein.

Schöpft die Sonn' heut' Wasser,
so geust sie morgen daß Bad auß.

Wenn die Sonne sticht,
der Bauer spricht:
die Kühe beißen und brommen,
es wird ein Regen kommen.

Sonnenschein und Regen
bringt dem Menschen Segen.

Sonnenschein hat den Brotschrank nie geleert,
aber Nässe den Mangel oft vermehrt.

Die Sonne hat noch keinen Bauer
aus seinem Hofe hinausgeschienen,
aber's Wasser schon manchen
hinausgeschwemmt.

Sonnenschein zerbricht keine Bäume.

Gott gibt Sonnenschein
für des Armen Brot und des Reichen Wein.

Es ist umsonst das Feld bestellt,
wenn keine Sonne es erhellt.

Wenn wir einen Ring um die Sonne oder auch um den Mond beobachten, so nennt man diesen ziemlich farblosen Lichterkranz ein Halo. Meist erscheint dann der Himmel milchig gefärbt, obwohl die Sonne durch diesen milchigen Dunst noch auf die Erde niederscheint. Die Sonneneinstrahlung ist sogar oft stärker als bei blauem Himmel, da sich die Strahlen in den Millionen und Abermillionen Eiskristallen der Schleierwolken brechen und damit einen Brennglaseffekt auslösen. Ein Halo deutet immer auf einen Wetterumschwung in den nächsten Stunden oder Tagen hin:

Himmelsbeobachtung mit einem Keplerschen Fernrohr um 1670

Gibt Ring oder Hof sich Sonn' oder Mond,
bald Regen und Wind uns nicht verschont.

Auch die Luft verändert die Streuung des Sonnenlichts. Staub, Verbrennungsrückstände, wie Rauch oder Asche sowie chemische Substanzen verändern die Farbe unseres Himmels. Diese Schmutzpartikelchen reichern den Wasserdampf in den Wolken an und fallen mit dem Regen auf die Erde nieder. Die Luft wird dadurch gereinigt und so klar, daß man eine besonders gute Fernsicht hat.
Ist der Himmel bei mäßigem Wind oder Windstille himmelblau, so ist damit zu rechnen, daß der Sonnenschein noch etliche Zeit anhält. Erscheint er aber in einem verwaschenen Blau, also weißlich, so werden Niederschläge kaum ausbleiben.

Wenn die Sonne scheint sehr bleich,
ist die Luft an Regen reich.

Ein weiteres Wetterphänomen, das mit der Sonne zusammenhängt, wird in einer uralten Bauernregel aufgezeigt:

Abendrot – Gutwetterbot' –
Morgenrot mit Regen droht.

Das Abendrot ist besonders schön, wenn noch Reste der täglichen Haufenbewölkung (Kumulus) am Horizont zu sehen sind. Deren Auflösung am Abend entspricht einer ruhigen und ungestörten Wetterentwicklung und läßt auf schönes Wetter, wenigstens für den nächsten Tag, hoffen.

Der Abend rot, der Morgen grau
gibt das schönste Tagesblau.

Bei hellem Abend und trübem Morgen
ist der Wanderer gut geborgen.

Die Abendrot-Regel ist allerdings nur mit Einschränkung gültig: Federwolken (Zirrus), die ebenfalls vom Licht der untergehenden Sonne angestrahlt werden, deuten eher auf Regen am nächsten Tag hin.
Uneingeschränkt richtig ist aber, daß Morgenrot schlechtes Wetter nach sich zieht. Am Morgen sich bildende Wolken, die

Peter Paul Rubens (1577–1640)
Polderlandschaft mit Kuhherde

von der aufgehenden Sonne rot angestrahlt werden, zeigen eine Veränderung der Luftschichtung an, durch die sich die Schauer- und Gewitterbereitschaft erhöht.

Morgenrot – Abendkot.

Morgenrod – bringt Water in den Sloot.

Dem Morgenrot ist nicht zu trauen.

Färbt aber die Sonne am frühen Morgen die hochliegenden Wolken nur wenig, gilt der Bauernspruch:

Der schönste Tag beginnt
mit einer stillen Morgenröte.

WETTERWENDISCHER MOND

Neben der Sonne beobachtete der Bauer auch die anderen Gestirne sehr genau. Ihm war vor allem der Mond als wetterwendisch bekannt. Freilich floß viel Aberglaube in die Mondregeln ein, weshalb sie mit Vorsicht zu betrachten sind. Am ehesten noch hat diese Strophe vom Mond Gültigkeit:

Seht ihr den Neumond hell und rein,
so wird ein gutes Wetter sein;
ist aber selbiger sehr rot,
so ist er vieles Windes Bot'.
Ist er denn bleich, so glaube frei,
daß nasse Zeit dahinter sei.

Von dem Halo, dem Ring um Sonne und Mond, sprachen wir schon.

Wenn der Mond hat einen Ring,
so folgt der Regen allerding.

Freilich wird in einem anderen Bauernspruch diese Regel ein wenig eingeschränkt:

Ist der Ring nah' dem Mond,
uns der Regen noch verschont;
ist der Ring aber weit,
hat er Regen im Geleit.

Auch die Sterne beobachtete der Landmann und zog daraus seine Schlüsse:

Flimmernde Sterne
bringen Wind recht gerne.

Der Himmel is vuller Sterne,
's wird sehr kalt werden.

Die Wetterfühligkeit mancher Menschen ist seit Jahrtausenden bekannt. So werden die Schmerzen eines Rheumakranken bei einem Wetterwechsel größer, Narben brennen, ein anderer Mensch bekommt Kopfschmerzen oder Migräne. Er schläft dann meist sehr schlecht und ist am andern Tage übel gelaunt, man kann ihm nichts rechtmachen, Zank und Streit bleiben nicht aus. Solchen Zustand schildert Leonhard Reyman in seinem Wetterbüchlein von 1505:

Wenn der peurin das muß anprindt (anbrennt),
vnnd nachts vnruwig sind die kindt,
bedeutet regen oder wind.

Und er fährt fort, wobei er auch schon die Wetterfühligkeit der Tiere einbezieht:

So die hund das gras speyen
vnnd die weyber über die flöch schreien
oder sy die zeehen jucken,
thut naß wetter zuher rucken.

TIERE KÜNDEN DEN UMSCHWUNG AN

Schlechtes Wetter schlug von jeher aufs Gemüt. Daß auch die Tiere sich bei einem Wetterwechsel anders verhalten, beobachtete die Landbevölkerung schon vor Urzeiten:

Schäferei, franz. Kupferstich 1822

Merkt, daß heran Gewitter zieh',
schnappt auf der Weid' nach Luft das Vieh,
auch wenn's die Nasen aufwärtsstreckt,
und in die Höh' die Schwänze reckt.

Wenn alte Ochsen spielen, toben und ländern,
will sich das Wetter ändern.

Geflügelzucht, franz. Kupferstich 1822

Wenn die Kuh das Maul nach oben hält im Lauf,
so ziehen bald Gewitter auf.

Wenn die Esel geilen,
so verderben sie das Wetter.

Wenn sich die Schafe auf der Weide
mit den Köpfen zusammenstellen,
folgt Gewitter.

Wenn den Hunden die Bäuch' knurren,
viel Gras essen und murren,
so bleibt der Regen
selten underwegen.

Wenn die Katze sitzt am Feuer,
ist der Regen nicht geheuer.

Wenn die Katzen sich putzen, gibt es gutes Wetter.

Wenn die Hennen früh schlafen gehen,
wird am nächsten Tage gutes Wetter;
wenn spät, schlechtes.

Wenn die Gänse stehen auf einem Fuß,
dann kommt ein Regenguß.

Nicht nur aus dem Verhalten der Haustiere schloß man auf eine Wetteränderung. Auch das Wild, die Vögel und andere in Freiheit lebenden Tiere bezog man in seine Berechnungen ein.

Bellt der Fuchs im grünen Wald,
stellt sich ein der Regen bald.

Steht das Rotwild im Holze fest,
sucht's vor Wintersnot sein Nest.

Das gute Wetter reißt bald aus:
Wenn früh rumort und pfeift die Maus,
wenn's Vöglein ängstlich heimwärtszieht
und flink ins Nestchen schlüpft,
wenn Kräh' und Rabe krächzend fliegt,
die Henne im Sande wühlt, die Taube sich badet
und die Schwalbe über dem Wasser sich wiegt,
wenn der Esel im Grase sich dreht,
und man an den Stichen der Mücke vergeht,
wenn Spinne ihr Netz nicht weiterbaut,
sich verkriecht und es mit dem Rücken anschaut.

Wenn der Maulwurf sein Loch grabt tief,
so der Frosch um Regen rief.

Wenn die Fledermäuse abends herumfliegen,
so folgt ein anhaltend gutes Wetter.

Wenn eine Amsel im Haus,
so bleibt der Blitz daraus.

Wenn die Schwalben niedrig fliegen,
verkünden sie Regen.

Steigt die Lerche hoch,
singt sie lange hoch oben,
habt bald ihr das lieblichste Wetter zu loben.

Morgens lauter Finkenschlag,
kündigt Regen für den Tag.

Bevor es Sturm gibt, schreien die Gimpel.

Gertrud Schadow
O wie ist es kalt geworden

Helene Mansshardt
Dompfaffenpärchen

Ludwig Richter (1803–1884)
Der Storch

Wenn der Kuckuck zu den Häusern fliegt,
wenn die Rotschwänzchen herumfliegen,
die Speiern niedrig fliegen,
wird schlechtes Wetter.

Die Krähe ruft den Regen.

Kreisen Dohlen in der Luft, kommt Wind.

Siehst den Storch viel waten,
kannst auf Regen raten.
Auch bedeutet's Regen noch,
zieh'n die Mäuse sich zu Loch.

Kiebitz tief und Schwalbe hoch,
bleibet trocken Wetter noch.

Wenn die Möwen nach dem Lande fliegen,
werden wir Sturm kriegen.

Lassen die Frösche sich hören mit Knarren,
wirst du nicht lange auf Regen harren.

Geht der Fisch nicht an die Angel,
ist an Regen bald kein Mangel.

Die Mücken tanzen, es gibt gut Wetter.

Wenn die Mücken stechen, gibt es Regen.

Wenn die Spinnen weben im Freien,
kann man sich lange schönen Wetters freuen.

Wenn die Schnecke ein grünes Blatt mit sich führt,
es gewiß gut Wetter wird.
Beladet sie sich mit Grund,
so tut sie starken Regen kund.

KRÄHT DER HAHN AUF DEM MIST...

Wie sehr manchmal bäuerliche Regeln verfälscht oder gar ins Lächerliche gezogen wurden, erhellt dieses Beispiel:

Kräht der Hahn auf dem Mist,
das Wetter im Wechsel ist,
kräht er auf dem Hühnerhaus,
hält das Wetter die Woche aus.

Bauer beim Holzsägen,
nach einer Zeichnung von Kessler

Diese Regel war schon im Mittelalter bekannt. Man hatte wohl beobachtet, daß der Hahn kurz vor einem Regen sein Hühnervolk zum Misthaufen herbeikräht, weil sich dort allerlei sonnenscheues Gewürm nach oben wagt, das es aufzupicken gilt. Außerdem liegen die meisten Mistgruben nahe den Ställen, in denen die Gefiederten rasch Unterschlupf finden können, wenn der Regen herniederprasselt. Jedenfalls galt der Hahn von jeher als sehr wetterfühlig, und nicht umsonst steht sein „Denkmal" auf vielen Kirchen: ein Wetterhahn, der die Windrichtung angibt. Noch heute schreckt der potenzstarke Herr des Hühnerhofs frühmorgens die Landbevölkerung aus den Betten. Beim ersten Hahnenschrei weiß man, was die Stunde geschlagen hat:

Der Hahn ist des Bauern
Uhr und Kalender.

Den Spruch vom krähenden Hahn auf dem Mist fälschte ein Sprücheklopfer unter den Kalendermännern in diesen um:

Wenn der Hahn kräht auf dem Mist,
so ändert sich's Wetter
oder bleibt, wie es ist.

Diese Verballhornung bäuerlicher Weisheit setzte sich durch und wird von manchem als Beweis gegen die alten Wetterregeln aufgeführt.

FRÜHLING, SOMMER, HERBST UND WINTER

Seit Jahrhunderten wurden für jede Jahreszeit und für jeden Monat Regeln aufgestellt, wie sich wohl das Wetter im allgemeinen verhalten würde. Mit der Erfindung der Buchdruckerkunst sorgten rührige Kalendermacher für die Erfassung und zeitliche Einteilung. Nun hatte der einzelne Bauer nicht nur seine eigenen oder die von Vorfahren und Nachbarn überkommenen Erfahrungen bei der Hand, sondern er konnte sich auch mit den Regeln und Sprüchen ihm unbekannter Kollegen oder mit den Übersetzungen aus dem Orient und aus dem griechischen und römischen Kulturraum auseinandersetzen.

Guiseppe Arcimboldo
(1527–1593)
Der Frühling

Die jahreszeitlichen Sprüche liebte man wohl mehr wegen ihrer hübschen Reime, von denen wir nachstehend eine kleine Auswahl zum besten geben wollen.

Viel Schnee, den uns der Lenz entfernte,
läßt zurück uns reiche Ernte.

Wenn die Drossel schreit,
ist der Lenz nicht weit.

Wenn die Grasmücken fleißig singen,
werden sie zeit'gen Lenz uns bringen.

Kommt die Weihe gezogen,
so ist der Winter verflogen.

Guiseppe Arcimboldo
(1527–1593)
Der Herbst

Auf einen nassen Sommer fürwahr
folgt Teuerung im nächsten Jahr.

Es ist selten ein Sommer ohne Hagel
und ein Kopf ohne Nagel.

Dem Sommer sind Donnerwetter nicht Schande,
sie nützen der Luft und auch dem Lande.

Eine Lerche, die singt,
noch keinen Sommer bringt;
doch rufen Kuckuck und Nachtigall,
so ist es Sommer überall.

Herbstgewitter bringen Schnee,
doch dem nächsten Jahr kein Weh.

Bleibt der Winter zu fern, nachwintert es gern.

Der Winter bleibt nicht aus,
kommt er nicht früh,
so kommt er spät ins Haus.

Fällt im Winter viel Schnee
und bleibt er lange liegen,
dann gibt's ein gutes Jahr,
so hat man stets geschrieben.

Sinnsprüche über einzelne Wochentage las man, aber man wußte auch, daß nicht allzu viel dahinter steckte. Die alte Regel

Freitagswetter – Sonntagswetter

geht zwar zu siebzig Prozent in Erfüllung, weil sich das Wetter von Tag zu Tag kaum schnell ändert, aber sie wurde selbst im abergläubischen Mittelalter nicht sehr ernst genommen. Die nachfolgenden Wochentagssprüche galten daher mehr als Leitsätze, denn als Regeln:

Wer sonntags einbringt die Ernt',
hat's Gottvertrauen verlernt.

Was Sonntag wird gesponnen,
das hält nicht an der Sonnen.

Was man montags anfängt,
wird nicht wochenalt.

Der blaue Montag
führt zum grauen Dienstag.

Mittwochsferkel sind verloren.

Am Donnerstag trägt kein Vogel zu Neste.

Was man am Samstag näht,
Sonntag auf den Tandelmarkt geht.

Wichtig waren aber die Monats- und Lostagssprüche, von denen auf den nächsten Seiten ausführlich die Rede sein wird.

JANUAR KALT, DAS GEFALLT!

„Januar warm, daß Gott erbarm'!" sagen die Bauern, wenn die Sonne den Schnee wegtaut und sich zum Jahresanfang erstes zartes Grün in Feld und Wald zeigt.
Für sie gilt die Regel, mit der wir dieses Kapitel überschrieben haben:

Januar kalt, das gefallt!

Französische Buchmalerei,
Miniatur von 1460
Die 12 Arbeiten der Monate

Sie wissen, daß der Schnee die Saaten vor dem Frost schützt, daß er geraten läßt, was der Bauer im Herbst säte.

Januar muß vor Kälte knacken,
wenn die Ernte soll gut sacken.

Der Januar ist in unseren Breiten der einzige Monat, wo man nicht auf dem Feld arbeitet. Trotzdem hat der Bauer noch viel zu richten.

Im Januar sieht man lieber den Wolf
als einen Bauern in Hemdsärmeln.

Der Wolf, der sich noch vor hundert Jahren in manchen Gegenden Mitteleuropas im frostigen Monat Januar bis an die Gehöfte heranschlich, war bei der Landbevölkerung sehr gefürchtet. Anscheinend hatte aber jeder mehr Angst vor dem Bauern, der sich im Haus auf die faule Haut legte.

Fährt der Bauer im Januar Schlitten,
muß er im Herbst um Sä-Frucht bitten.

Wer in den Sommer- und Herbstmonaten nicht genügend Vorrat gesammelt hat, der kann leicht zum Hungerleider werden. Denn der Januar war von jeher der Monat, der für die Landbevölkerung zum teuersten wurde:

Der Jänner – ist ein Holzverbrenner.

Januar – macht die Butter rar.

Am meisten schätzt man einen sonnigen Januar, der mit Eis, Frost und einer schützenden Schneedecke einhergeht:

Ist der Januar hell und weiß,
kommt der Frühling ohne Eis,
wird der Sommer sicher heiß.

Januar muß krachen, soll der Frühling lachen.

Die Erde muß ihr Bettuch haben,
soll sie der Winterschlummer laben.

Ein kalter Januar – bringt ein gutes Jahr.

Ist der Januar frostig und kalt,
lockt uns bald der grüne Wald.

Eis und Schnee im Januar – künden ein gesegnet' Jahr.

Die Winterluft – das weiß der Landmann – ist für ihn auch ein Lebenselexier. Wenn er sich warm anzieht, nimmt er so leicht keinen Schaden. Ist aber der erste Monat des Jahres warm und regenreich, und legt sich der Nebel auf die Landschaft, so gibt es allenthalben Kranke. Da man früher noch keine Antibiotika kannte, starben im ersten Teil des Jahres sehr viele Menschen an Lungenentzündung oder auch nur an Erkältungen, die heute im Beruf kaum noch als Krankheitsgrund gelten.

Winter weich – Kirchhof reich.

Aber wärmeres Wetter mit Niederschlägen im Januar wirft auch Schatten auf die nächsten Monate:

Nebel im Januar – bringen ein naß' Frühjahr.

Ein Jahr, das schlecht will sein,
stellt sich schwimmend ein.

Regen im Januar – bringt der Saat Gefahr.

Viel Regen, wenig Schnee
tut Äckern und Bäumen weh.

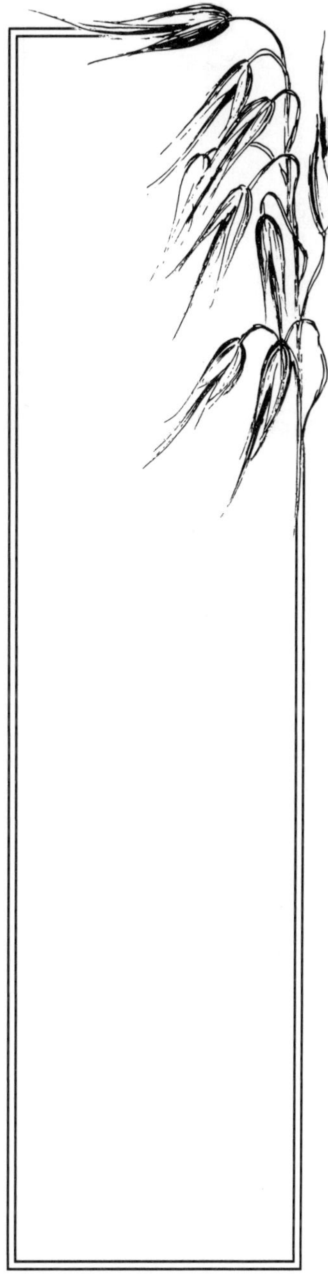

Läßt der Januar Wasser fallen,
läßt der Lenz es gefrieren.

Soviel Tropfen im Januar,
soviel Schnee im Mai.

Ist der Januar feucht und lau,
wird das Frühjahr trocken und rauh.

Ein Januar wie März,
ist dem Bauer ein
schlechter Scherz.

Und zusammenfassend fluchte ein Kalendermacher:

Hat der Januar viel Regen,
bringt's den Früchten keinen Segen;
nur die Gottesäcker werden gedüngt,
wenn er viel Regen bringt.

Reichlicher Schnee im Januar macht dem Bauern viel Freude:

Januar Schnee zuhauf –
Bauer, halt den Sack auf.

Reichlich Schnee im Januar,
macht Dung fürs ganze Jahr.

Außer dem Wolf beobachtete man auch andere Tiere und ihr Verhalten:

Wenn der Maulwurf wirft im Januar,
währt der Winter bis zum Mai wohl gar.

Je näher die Hasen dem Dorfe rücken,
desto ärger sind des Eismonds Tücken.

Tanzen im Januar die Mucken,
muß der Bauer nach dem Futter gucken.

Wenn die Mücken spielen im Januar,
so sind die Schafe in großer Gefahr.

Und über die Pflanzen und ihr weiteres Gedeihen wußte man:

Wächst das Gras im Januar,
wächst es schlecht das ganze Jahr;
wächst die Frucht auf dem Feld,
wird sie teuer in aller Welt.

Wenn aber die Flüsse, Seen und Teiche zugefroren waren, dann litt man später keine Not:

Ist im Januar dick das Eis,
gibt's im Mai ein üppig Reis.

Sind im Januar die Flüsse klein,
gibt's im Herbst einen guten Wein.

DIE WEISSE GANS IM FEBRUAR

Auch im Februar, dem altdeutschen Hornung, soll noch der Schnee die Felder vor Kälte schützen.

Die weiße Gans im Februar
brütet Segen fürs ganze Jahr.

Obwohl sich der Landmann im zweiten Monat des Jahres noch in den „Bauernferien" befindet, wo es nur in Haus und Stall Arbeit gibt, schmiedet er doch schon Pläne und bereitet sich auf die Feldarbeit vor. Freilich bleibt immer genug Zeit, sich im „Narrenmond" auszutoben. Und manch einer

Französische Buchmalerei,
Miniatur von 1460
Die 12 Arbeiten der Monate

glaubt, je ärger die Narretei, desto schneller ginge der Winter vorbei. Ängstlich aber sieht die Landbevölkerung zum Himmel auf:

Wenn's der Februar gnädig macht,
bringt der Lenz den Frost bei Nacht.

Da ist es ihr schon lieber, daß sich neben den Menschen auch die Natur austobt:

Im Februar müssen die Stürme fackeln,
daß dem Ochsen die Hörner wackeln.

Die stürmischen Winde im Februar fegen alles schwache Holz von Bäumen und Sträuchern und unterstützen damit des Bauern Arbeit, denn er muß nun bald mit dem Schnitt im Obstgarten beginnen. Gleichzeitig sorgt er sich um geeignetes Saatgut.

Kauf' guten Samen – das ist schon ein Amen.

Wie gesagt, war's schon im Mittelalter jedem am liebsten, wenn der Schnee noch auf den Feldern lag, auch wenn die Stürme darüber hinwegbrausten. Tauwetter und Regen aber zehrten an der Gesundheit:

Februar mit Kot – bringt Krankheit und Not.

Auch Nebel und Tau sind im Februar unerwünscht:

Soviel Nebeltag im Februar, soviel kalte Tage im August.

Februar-Tau bringt Nachtfrost im Mai.

Der Regen dagegen hat auch sein Gutes:

Regen im Februar bringt flüssigen Dünger fürs Jahr.

Wenn's im Februar regnerisch ist,
hilft's so viel wie guter Mist.

Und wenn sich auch der Bauer nicht sicher ist, ob das im Februar fallende Wasser der Lenz nicht gefrieren läßt, so tröstet er sich doch mit dem Spruch eines Optimisten:

Der Hornung macht Dreck,
und der März holt ihn weg.

Allgemein aber steht seit altersher fest:

Kalter Februar – bringt ein gutes Jahr.

Ob Schnee, ob Regen – nur warm darf es nicht sein:

Alle Monate im ganzen Jahr
verwünschen den schönen Februar.

Sonnt sich die Katze im Februar im Frei'n,
muß sie im Märzen zum Ofen hinein.

Singt die Lerche jetzt schon hell,
geht's dem Bauern an das Fell.

Wenn im Hornung die Schnaken geigen,
müssen sie im Märzen schweigen.

Im Hornung hat's der Bauer lieber,
wenn ihm der Wolf zum Fenster
hineinschaut als die Sonne.

Nur bei einigen Tieren machten die bäuerlichen Verseschmiede eine Ausnahme:

Hüpfen Eichhörnlein und Finken,
siehst du schon den Frühling winken.

Französische Buchmalerei,
Miniatur von 1460
Die 12 Arbeiten der Monate

WENN IM MÄRZ DIE VEILCHEN BLÜHEN …

Der März ist der Fastenmonat, obwohl er harte Arbeit bringt. Noch zögert die Natur, auch wenn sich schon erstes Grün regt. Der Bauer will hinaus aufs Feld.

Der März sagt:
Paur, laß scherffen dein Pflugscharn,
auff, auff, ist Zeit zu Acker fahr'n.

März – nimmt der Bauer den Pflug beim Sterz.

Freilich darf der Bauer nicht zu früh mit der Feldarbeit beginnen, da ja der Winter noch immer Streiche spielen kann und nur langsam ausklingt.

Säst du im März zu früh,
ist's oft vergebene Müh'.

Wer seinen Mist will verscherz',
der muß fahren im März.

Früher brauten viele Bauern ihr Bier selber. Der köstlichste Trunk war das Märzenbier:

Brau nur im März gut Bier, mein lieber Bauer,
es ist gesund und wird nicht sauer.

Nun, brauen konnte man auch, wenn die Witterung draußen die Arbeit auf dem Feld behinderte. Man ließ es langsam angehen, wünschte sich aber für die zweite Märzhälfte, in der ja der Frühling beginnt, Trockenheit und ein bißchen Wärme.

Dem Golde gleich ist Märzenstaub,
er bringt uns Kraut und Gras und Laub.

Läßt der März sich trocken an,
bringt er Brot für jedermann.

Trockener März – erfreut des Bauern Herz.

Aber man bleibt auf dem Lande immer bescheiden:

Der März muß zwölf gute Tage haben.

So ganz traut man dem beginnenden Frühling ja noch nicht:

Der März – hat Gift im Sterz.

Mit dem Märzen – ist nicht zu scherzen.

Der Märzmonat
kein Tag wie den andern hat.

Gern faßten die Sprüchemacher auch den März und den April zusammen:

Wenn der März nicht tut, was er soll,
ist der April der Launen voll.

Wen der März nicht will, den frißt der April.

Recht kritisch schaut der Landmann in diesen Tagen zum Himmel hinauf:

Märzensonne – kurze Wonne.

Märzenschein – läßt noch nichts gedeih'n.

Soviel Nebel im März,
soviele Fröste im Mai,
soviel Gewitter im Sommer.

Märzenschnee – tut den Saaten weh.

Ein feuchter, fauler März
ist der Bauern Schmerz.

Märzenregen – geht dürrem Sommer entgegen.

Im März viel Regen –
im Sommer wenig Segen.

Wenn draußen stürmt der März,
blüht drinnen das Herz.

Ein grüner März
erfreut kein Bauernherz.

Schlägt im Märzengrün der Fink,
ist das ein gefährlich' Ding.

Andere Tiere, die der Bauer beobachtet, machen ihm mehr Freude:

Wenn im März die Kraniche zieh'n,
werden bald die Bäume blüh'n.

Wenn im März der Kuckuck schreit,
der Storch klappert,
und die wilde Gans zieht ins Land,
so gibt's einen Frühling
im Hochzeitsband.

Amsel zeitig – Bauer freudig.

APRIL TUT, WAS ER WILL

Die Launenhaftigkeit des Aprils („April, April, der weiß nicht, was er will") wird in unseren Breiten verursacht durch Kaltlufteinflüsse aus dem Norden auf das bereits frühlingshaft erwärmte Festland.
Der Bauer, der jetzt bei der Frühjahrsbestellung seiner Felder ist, mag zwar darüber fluchen, wenn ein schweres Wetter niedergeht, während er seinen Acker bestellt, aber er weiß sehr wohl, daß der ständige Wechsel von Regen und Sonnenschein die Saat aufgehen läßt.

Wenn der April Spektakel macht,
gibt's Heu und Korn in voller Pracht.

Der April
treibt sein Spiel,
treibt er's toll,
wird die Tenne recht voll.

Im April – wächst das Gras die Füll'.

Viel Zeit haben die Bauern nicht, sie sind bei Wind und Wetter auf den Feldern.

Bauernschweiß ist der beste Dung.

Auf dem Acker ist kein besserer Mist,
als der an des Herren Stiefeln ist.

Vom April schloß ein reimbegabter Landmann auch auf den Charakter des Menschen:

Bald trüb und rauh,
bald licht und mild,
ist der April
des Menschen Ebenbild.

Französische Buchmalerei,
Miniatur von 1460
Die 12 Arbeiten der Monate

Das Wetterwendische dieses Monats schlägt sich in zahllosen Bauernregeln nieder. Dabei gibt es mehr Positives als Negatives:

April, dein Segen
heißt Sonne und Regen –
nur den Hagel
häng' an den Nagel.

Nasser April – blumiger Mai.

Regen im April – jeder Bauer will.

April naß und kalt,
wächst das Korn wie'n Wald.

Nasser April – verspricht der Früchte viel.

Warmer Aprilregen – ist Gottes Segen.

Nasser April und kühler Mai
füllt die Speicher und macht viel Heu.

Zur Not kann auch noch ein wenig Schnee im April fallen:

Im April ein tiefer Schnee –
keinem Dinge tut er weh.

Aprilschnee ist der Grasbrüter.

Schnee im April – gut düngen will.

Auf Aprilflöckchen
folgen Maiglöckchen.

Und hoffnungsvoll ist die Landbevölkerung, wenn der launische Monat sein wechselhaftes Spiel treibt:

Wie's im April und im Maien war
so schließt man aufs Wetter im ganzen Jahr.

Zwar sagt man in Norddeutschland etwas demütig:

Man mut den April
nehmen, as he kummt.

Aber so ganz recht ist dem Landmann ein April nicht, der keine Launen zeigt:

Des Aprilens Lachen
verdirbt des Landmanns Sachen.

April trocken – macht die Keime stocken.

Und wenn gar Nebel über Täler und Höhen wallen, befürchtet man das Schlimmste für das Land:

Viel Nebel im April
und Höhenrauch im Mai,
die führen wohl die Pest
und die Hungersnot herbei.

Recht hoffnungsfroh stimmt das Zwitschern und Singen der Vögel:

Grasmücken, die fleißig singen,
wollen uns den Frühling bringen.

Bauen im April schon die Schwalben,
gibt's viel Futter, Korn und Kalben.

Der April ist für die Bauern der „Knospenmonat":

Der April macht die Blum',
und der Mai hat den Ruhm.

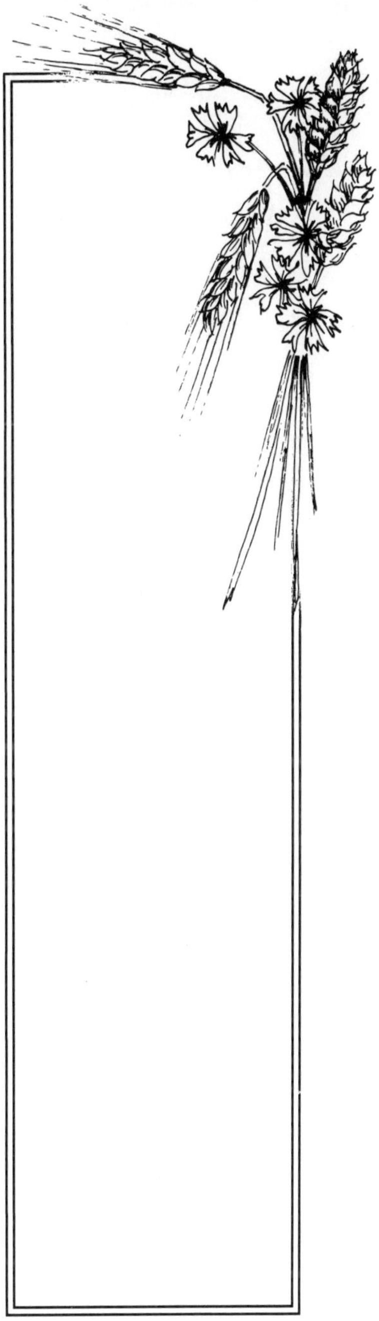

Französische Buchmalerei,
Miniatur von 1460
Die 12 Arbeiten der Monate

MAI, KÜHL UND NASS

Der Wonnemonat Mai, von so vielen Dichtern besungen, weil „alle Blümlein sprießen", kann für den Bauern ruhig ein wenig trüber ausfallen – denn:

Mai, kühl und naß,
füllt dem Bauern Scheune und Faß.

Der Mai – wir können es unter den Lostagsregeln nachlesen – hat noch einige Kälterückfälle, die den jungen Pflanzen und der Blüte Schaden zufügen können. Die Eisheiligen machen manches zu Schanden, was zu grünen begann:

Maientau macht grüne Au;
Maienfröste – unnütze Gäste.

Der Frost, der kommt im Mai'n,
ist schädlich dem Hopfen und Wein,
den Bäumen, dem Korn und dem Lein.

Zu warm soll es aber im Wonnemonat auch nicht werden:

Ist der Mai recht heiß und trocken,
kriegt der Bauer kleine Brocken;
ist er aber feucht und kühl,
dann gibt's Frucht und Futter viel.

Wenn der 1. Mai schellt,
grünt das Feld.

Das Grünen und Blühen verlangt aber nach düngendem Regen:

Mairegen auf die Saaten –
dann regnet es Dukaten.

Mairegen
bringt Segen,
da wächst jedes Kind,
da wachsen die Blätter,
die Blumen geschwind.

Mai ohne Regen,
fehlt's allerwegen.

Aber der Bauer nahm's immer, wie es kam, und einer brachte Lebenserfahrung in den Monatsspruch ein:

Die erste Liebe und der Mai
gehen selten ohne Frost vorbei.

Ob sich freilich hinter dem nächsten Spruch ebenfalls häusliche Ehegewitter verbergen, wagen wir zumindest zu bezweifeln:

Viel Gewitter im Mai
singt der Bauer juchhei.

Vom Verhalten der Tiere kann man auch im Mai auf das Wetter schließen:

Wenn im Mai die Wachteln schlagen,
künden sie von Regentagen.

Wenn im Mai die Bienen schwärmen,
sollte man vor Freude lärmen.

Und wenn der Gärtner über das Ungeziefer und die in unseren Tagen so selten gewordenen Maikäfer schimpfen mag, so zieht der Bauer daraus ganz andere Schlüsse:

Je mehr die Maikäfer verzehren,
je mehr wird die Ernte bescheren.

Maikäferjahr – gutes Jahr.

Sind die Maikäfer und Raupen viel,
steht eine reiche Ernte am Ziel.

Wer übrigens erst im Mai seine Kartoffeln legt, hat nach Meinung eines Kalendermannes, der die Kartoffel sogar reden läßt, genau den richtigen Zeitpunkt erwischt:

Legst du mich im März,
treibst du mit mir Scherz.
Legst du mich im April,
komm ich, wann ich will.
Legst du mich im Mai,
komm ich eins, zwei, drei!

Im Mai wird das Vieh auf die Weide getrieben, nachdem die Kühe gekalbt haben. Und im Gebirge werden die Almen wieder bezogen und die Weidenzäune aufgestellt, wobei man darauf achtet, daß die Tiere viel Futter finden. Denn wenn die Kühe auf der Futtersuche weit laufen müssen, geben sie weniger Milch:

Wer auf schlechte Weide treibt die Kuh,
verliert die Milch und den Mist dazu.

Mit dem Pflanzen von Kohlrabi, Sellerie und Rüben, besonders aber von Blumenkohl sollte man lieber noch bis nach den Eisheiligen warten, sonst gibt's eine winzige Ernte:

Blumenkohl im Mai
gibt Köpfe wie ein Ei.

JUNI MIT REGEN UND SONNENSCHEIN

Im Juni blühen alle Wiesen, und das Getreide wächst prächtig heran. Freilich sollte das Wetter in diesem Monat feucht und warm sein.

Wie soll der Juni sein?
Warm, mit Regen und Sonnenschein.

Auf den Juni kommt es an,
ob die Ernte soll bestan.
Juni, feucht und warm,
macht keinen Bauern arm.

Soll gedeihen Korn und Wein,
muß im Juni Wärme sein.

Ist der Juni warm und naß,
gibt's viel Korn und noch mehr Gras.

Im Juni ein Gewitterschauer
macht das Herz gar froh dem Bauer.

Viel Schaden aber richten übergroße Nässe und Kälte in diesem Monat an.

Wenn naß und kalt der Juni war,
verdarb er fast das ganze Jahr.

Reif in der Juninacht
den Bauern Beschwerde macht.

Kalter Juniregen
bringt Wein und Honig keinen Segen.

Juni kalt und naß,
läßt leer Scheuer und Faß.

Französische Buchmalerei,
Miniatur von 1460
Die 12 Arbeiten der Monate

Französische Buchmalerei,
Miniatur von 1460
Die 12 Arbeiten der Monate

Auch im Juni läßt das Verhalten einiger Tiere – will man den alten Regeln glauben – auf kommendes Wetter schließen:

Springende Fische
bringen Gewitterfrische.

Wenn die Johanniskäfer hell leuchten im Garten,
dann ist gutes Wetter zu erwarten.

JULI, HEISS UND KLAR

Im Juli ist die Heuernte voll im Gange, weshalb es früher hieß:

Der Juli bringt die Sichel
für Hans und Michel.

Dieser Spruch stammt aus dem frühen Mittelalter, als noch der Julianische Kalender galt, der dem unsrigen zehn Tage voraus war. Damals wurde der Juli in Mitteleuropa Heuert genannt. Aber der Name Heumond paßt besser auf die zweite Hälfte des Juni, wo bei uns vielfach schon das Heu abgeerntet wird. Wie dem auch sei: im Juli gibt es viel zu tun! Das Beerenobst muß in den Gärten gepflückt werden, und auf dem Felde stehen die reifenden Ähren.

Im Juli will der Bauer lieber schwitzen,
als hinter dem Ofen sitzen.

Überhaupt muß die Julisonne endgültig braten, was Ende August und im September soll gut geraten.

Die Julisonne arbeitet für zwei.

So golden die Sonne im Juli strahlt,
so golden sich der Roggen mahlt.

Die Julisonne hat noch keinen Bauer
aus dem Lande geschienen.

Juli Sonnenbrand – gut für Leut' und Land.

Nur in der Juliglut
wird Obst und Wein dir gut.

Juli schön und klar – gutes Bauernjahr.

Ab und zu ein Wärmegewitter ist stets willkommen:

Ein tüchtig Juligewitter
ist gut für Winzer und Schnitter.

Wettert der Juli mit großem Zorn,
bringt er dafür reichlich Korn.

Wenn's im Juli nicht donnert und blitzt,
wenn im Juli der Schnitter nicht schwitzt,
der Juli dem Bauern nichts nützt.

Allerdings kann ein kleines Gewitter einen großen Landregen nach sich ziehen:

Wenn Donner kommt im Julius,
viel Regen man erwarten muß.

Allzuviel Regen im Juli schadet der zukünftigen Ernte. Und schon ein Hagelwetter kann die Mühe von Monaten vergeblich machen.

Regnet's zum Juli hinaus,
so guckt der Bauer nicht gern aus dem Haus.

Hagelt's im Juli und August,
ist's aus mit des Bauern Freud und Lust.

Man schloß vom Juli schon früh auf das spätere Winterwetter:

Viele Rosen – scharfes Wintertosen.

Macht der Juli uns heiß,
bringt der Winter viel Eis.

Wenn's im Juli gibt hohe Ameisenhaufen,
so magst du nach Holz für den Winter laufen.

Hier werden also sogar die winzigen, arbeitsamen Tierchen zu einer langfristigen Wettervorhersage herangezogen. Recht kurzfristig muß diese ausfallen, wenn man das Vieh auf der Weide beobachtet:

Schnappt im Juli das Weidvieh nach Luft,
riecht es schon Gewitterluft.

WAS DER AUGUST NICHT KOCHT

Fast immer ist der August der heißeste Monat des Jahres. Bis um den 23. dieses Monats halten die sogenannten Hundstage an. Und dem Landmann ist es recht, wenn die Sonne am Himmel lacht und die Hitze anhält – denn:

Was der August nicht kocht,
kann der September nicht braten.

Der August muß Hitze haben,
sonst wird des Obstbaums Segen begraben.

August ohne Feuer – macht das Brot teuer.

Ein total verregneter August schadet der Getreideernte mehr als vor Jahren noch Mohn- und Kornblumen im Ähren-

Französische Buchmalerei,
Miniatur von 1460
Die 12 Arbeiten der Monate

feld. Die wunderschönen roten und blauen Blumen im goldgelben Getreide sterben ja allmählich aus, von Pflanzenschutzmitteln vernichtet. Das mag des Künstlers Auge kränken, der Landwirt aber pflanzt sie lieber im Bauerngärtlein an, wo sie keinen Schaden anrichten können.
Kein Mittel aber hält den Regen auf. Nach einem uralten Orakel sollte man die vier Tage vor dem Augustvollmond beachten. Sind die Mondspitzen rein, so kann man bis zum Ende des Monats auf gutes Wetter hoffen. Sind die Hörner des Mondes im August trüb, dann soll es stürmen oder regnen, oft sogar bis ans Monatsende.
Morgentau – das haben wir schon gelesen – bringt schöne Tage. Fehlt er, folgen oft schwüle Hitze, Gewitter und Regen nach.

Der Tau tut dem August so not,
wie jedermann sein täglich Brot;
doch zieht er sich gen Himmel,
herab kommt ein Getümmel.

Ein verregneter August macht das Brot teuer. Irgendwie muß ja die Getreideernte in die Scheune. Und da weiß der Bauer:

Was mühsam auf dem Feld geworben,
ist oft im Scheunenfach verdorben.

Nasser August
macht teure Kost.

Vereinzelte Gewitter wären durchaus zu ertragen, aber:

Fängt der August mit Donnern an,
er's bis zum End' nicht lassen kann.

Mit dem Nordwind scheint die Landbevölkerung in diesem Sommermonat jedoch beste Erfahrungen gemacht zu haben:

Wenn's im August aus Norden weht,
beständiges Wetter vor dir steht.

Ist Nordwind im August nicht selten,
so soll er schönem Wetter gelten.

Wenn der Getreidebauer sagt:

Trockner August
ist der Bauern Lust...,

...dann schüttelt der Viehzüchter den Kopf. Im August hält ja ein Regen von Zeit zu Zeit die Weide saftig.

Wenn's im August ohne Regen abgeht,
das Pferd vor leerer Krippe steht.

Viel Staub im August
macht dem Viehe kranke Brust.

Und auch Winzer und Waldpächter haben nichts gegen ein paar Regentropfen in diesem Sommermonat einzuwenden.

Stellt im August sich Regen ein,
so regnet es Honig und guten Wein.

Ein Regen im August
ist für den Wald Erquickungslust.

Kurz- oder langfristige Vorhersagen lassen sich aus dem Verhalten einiger Tiere schließen:

Wenn im August viele Goldkäfer laufen,
braucht der Wirt den Wein nicht zu taufen.

Wenn der Kuckuck im August noch schreit,
gibt's im Winter teure Zeit.

Wenn die Schwalben jetzt schon zieh'n,
sie vor naher Kälte flieh'n.

Blühen im August noch Frühlingsblumen, so weist das nach Meinung wetterkundiger Gärtner auf einen gelinden Winter hin. Im allgemeinen aber deutet sich langfristig an:

Fängt der August mit Hitze an,
bleibt sehr lang die Schlittenbahn.

Macht der August uns heiß – bringt der Winter viel Eis.

SEPTEMBER – MAI DES HERBSTES

Jeder freut sich über einen schönen Altweibersommer, wie man einen sonnigen September nennt, den man im übertragenen Sinn mit der späten Liebe älterer Damen vergleicht. Der September ist gewissermaßen der Mai des Herbstes. Und darum heißt es auch in einer Bauernregel:

Durch des Septembers heitern Blick
schaut noch einmal der Mai zurück.

So ganz stimmt das nicht; denn im Gegensatz zum Mai, der kühl und naß sein darf, wünscht sich der Bauer im September Wärme, damit zum Beispiel der Roggen gut auskeimen kann – also „Märzenstaub", auf den die nachstehende Erfahrungsregel Bezug nimmt:

Soll der September den Bauern erfreu'n,
so muß er gleich dem Märze sein.

Fest steht auf jeden Fall:

Ist der September hell und klar,
so hoffen wir auf ein fruchtbar Jahr.

Französische Buchmalerei,
Miniatur von 1460
Die 12 Arbeiten der Monate

Freilich kann es auch ruhig hie und da einmal gewittern, und ein nasser Guß ist zum Sommerausklang durchaus zu ertragen.

Später Donner hat die Kraft,
daß er viel Getreide schafft.

Septemberregen – kommt der Saat gelegen.

Wenn der September donnern kann,
so setzen die Bäume noch Blüten an.

Des einen Freud – des anderen Leid:

Septemberregen – dem Bauer Segen,
dem Winzer Gift, wenn er ihn trifft.

Besonders viele langfristige Vorhersagen lassen sich aus dem Septemberwetter erahnen:

Wie im September tritt der Neumond ein,
so wird das Wetter den Herbst durch sein.

September warm, Oktober kalt.

Ziehen die wilden Gänse weg,
fällt der Altweibersommer in 'nen Dreck.

Septemberdonner prophezeit
vielen Schnee zur Weihnachtszeit.

Wenn im September viel Spinnen kriechen,
sie einen harten Winter riechen.

Wittert's im September noch,
liegt im März der Schnee noch hoch.

KUNTERBUNTER OKTOBER

Der Oktober malt bunte Bilder in die Landschaft.

Oktober, der fröhliche Wandersmann,
der pinselt Wald, Weide und Hecken an.

Er ist ein heiterer Herbstmonat, der durch den jungen Wein noch verschönt wird. Aber er kann es auch kunterbunt treiben mit Regen und Sturm, der das letzte Laub von den Bäumen fegt. Und aus dem Laubfall zieht man so seine Schlüsse:

Fällt im Wald das Laub sehr schnell,
ist der Winter bald zur Stell'.

Hält der Baum die Blätter lang,
macht ein später Winter bang.

Wenn das Blatt am Baume bleibt,
ist der Winter noch recht weit.

Schneller Laubfall bringt meist früh Kälte, aber er deutet auch auf einen vorangegangenen schönen und sonnigen Sommer hin. Mit anderen Worten: der Landwirt konnte seine Ernte rechtzeitig unter Dach und Fach bringen und mit der Herbstbestellung beginnen. Im Oktober bleibt trotz aller Arbeit viel Zeit zu gründlicher Wetterbeobachtung in Feld und Wald:

Trägt's Häschen lang ein Sommerkleid,
so ist der Winter auch noch weit.

Wenn die Bienen zeitig verkitten,
kommt bald ein harter Winter geritten.

Kommt die Feldmaus ins Dorf,
sorge für Holz und Torf.

Französische Buchmalerei,
Miniatur von 1460
Die 12 Arbeiten der Monate

Wenn der Zugvogel im Oktober zeitig geht,
naher Winter vor der Türe steht.

Siehst du fremde Wandervögel,
wird es kalt nach alter Regel.

Nicht nur aus dem Verhalten der Tiere kann man im Oktober auf zukünftiges Wetter schließen.

Bringt der Oktober schon Schnee und Eis,
ist's schwerlich im Januar kalt und weiß.

Bringt der Oktober viel Frost und Wind,
so sind der Januar und Februar gelind.
Wenn's im Oktober friert und schneit,
bringt der Jänner milde Zeit.
Wenn's aber donnert und wetterleuchtet,
der Winter dem April an Launen gleichet.

Im Oktober der Nebel viel,
bringt im Winter der Flocken Spiel.

Im Oktober Sturm und Wind
uns den frühen Winter kündt.

Wenn die Bucheckern geraten wohl,
Nuß- und Eichbaum hängen voll,
so folgt ein harter Winter drauf,
es kommt der Schnee mit großem Hauf'.

Ein kalter Oktober vernichtet die Raupen, die als rechte Vielfraße der Ernte schaden können.

Ist der Oktober kalt,
macht er dem Raupenfraße halt.

Das bedeutet aber nicht, daß im nächsten Frühjahr die bunten Schmetterlinge ausbleiben. Denn vor der ersten Kälte haben sich die Raupen noch rechtzeitig verpuppt. Und die Puppen halten selbst den schärfsten Winterfrost aus.
Viele Feste – wir werden darauf noch zurückkommen – zeichnen den Oktober, die Zeit der Weinlese, aus. Die Oktobersonne, die oft einen verlängerten Altweibersommer beschert, hilft manchmal noch ein wenig nach:

Oktober-Sonnenschein
schüttet Zucker in den Wein.

Wenn der Oktober nicht hilft,
so ist dem Winzer nicht zu helfen.

WETTERWENDE NOVEMBER

Anfang November stehen wir an einer Wetterwende. Wie frühe Hitze im Frühjahr meist auf einen nicht sehr warmen Hochsommer schließen läßt, so weist früher Frost im November oft auf einen milden Winter hin. Meist ist die Kälte nur von kurzer Dauer und schlägt dann ins genaue Gegenteil um. Gewitter noch im November deutete man schon immer als gutes Zeichen:

Novemberdonner hat die Kraft,
daß er viel Getreide schafft.

Donnert's im November gar,
so folgt ihm ein gesegnet' Jahr.

Hat der November zum Donnern Mut,
wird das nächste Jahr wohl gut.

Begann schon in diesem vorletzten Monat des Jahres der strenge Winter, so schlichen sich früher die Wölfe – heute in

Französische Buchmalerei,
Miniatur von 1460
Die 12 Arbeiten der Monate

Deutschland fast ausgestorben – an die Gehöfte heran, um dort nach Nahrung zu suchen. Man nannte daher den November auch den Wolfsmonat, dem man eine nachhaltige Wirkung nachsagte:

Wie der Wolfsmonat wittert,
so wittert auch der März.

Morgenrot in diesem Monat deutet auf eine lange Schlechtwetterperiode hin:

November-Morgenrot
mit langem Regen droht.

Aber Niederschläge in diesem Monat sind der Landbevölkerung nur recht:

Novemberschnee – tut der Saat nicht weh.

Je mehr Schnee im November fällt,
um so fruchtbringender wird das Feld.

Im November viel naß –
auf den Wiesen viel Gras.

Nur wenn Regen und Frost oder Schnee aufeinandertreffen, bedeutet das für die nächste Ernte nichts Gutes.

Novemberschnee auf nassem Grund,
bringt gar schlechte Erntestund'.

Wenn der November regnet und frostet,
dies der Saat ihr Leben kostet.

Langfristige Wettervorhersage kann man im November auch von bestimmten Pflanzen ablesen:

Steht im November der Buche Holz im Saft,
so wird der Regen stärker als der Sonne Kraft;
ist es aber starr und fest,
sich große Kälte erwarten läßt.

Hängt das Laub bis zum November hinein,
wird der Winter ein langer sein.

Blühen im November die Bäume aufs neu,
währet der Winter bis zum Mai.

Sitzt im November das Laub fest an den Ästen,
kommt bald der Winter mit strengen Frösten.

WEISSER DEZEMBER

Ein kalter Dezember mit Schnee kommt dem Bauern gerade recht.

Dezember kalt mit Schnee
gibt Korn in jeder Höh'.

Weißer Dezember, viel Kälte darein,
bedeutet, das Jahr soll fruchtbar sein.

Eine dicke Schneedecke sorgt dafür, daß die Saat nicht gefriert:

Die Erde muß ihr Bettuch haben,
soll sie der Winterschlummer laben.

Ein kalter Dezember bringt im allgemeinen einen zeitigen Frühling. Ein frostiger Weihnachtsmonat ist auch für die Gesundheit besser als ein neblig-trüber, der mit viel Regen einhergeht.

Französische Buchmalerei,
Miniatur von 1460
Die 12 Arbeiten der Monate

Festmond im Dreck
macht Gesundheit ein Leck.

Immer neue Schneefälle aus dunkelverhangenen Wolken stören nie, wenn man in der warmen Stube sitzen kann, sie werden sogar für die Zukunft Positives bewirken:

Je dunkler es überm Dezemberschnee war,
desto mehr leuchtet Segen im künftigen Jahr.

Dezember kalt mit Schnee –
niemand sagt oweh!

Dezember warm – daß Gott erbarm.

Natürlich sieht der Wetterkundige im Dezember auch darauf, wie sich der Wind dreht, und schließt daraus:

Wenn der Nord zu Vollmond tost,
folgt ein langer, harter Frost.

Abendröte bei West – gibt dem Frost den Rest.

Viel Wind und Nebel in Dezembertagen
schlechten Frühling und schlechtes Jahr ansagen.

Eisblumen waren im Dezember willkommen, Rauhreif dagegen weniger.

Im Dezember sollen Eisblumen blühen,
Weihnachten sei nur auf dem Tische grün.

Rauhfrost auf der Flur
milder Witt'rung Spur.

In den Bauernregeln für den Dezember spielen auch die Tiere eine große Rolle.

Je näher die Hasen dem Dorfe rücken,
desto ärger des Winters Tücken.
Sind die Drosseln noch da,
ist er noch nicht so nah.

Der alte Bauernspruch vom kalten Winter, dem ein heißer Sommer folgen müsse, trifft nur auf wenige Jahre zu. Dafür stimmt im allgemeinen die langfristige Wettervorhersage:

So kalt wie im Dezember –
so heiß wird's im Juni.

Albrecht Dürer (1471–1528)
Eichhörnchen

Jan Brueghel d.Ä. (1568–1625)
Winterlandschaft

DER LOSTAGE REGELN UND BRÄUCHE

Bedeutsam im Volksglauben waren seit je die Lostage, an denen angeblich das Los, das Schicksal für die Zukunft bestimmt wird. Sie waren leicht zu merken, weil sie sich auf Namenstage von Heiligen oder auf Festtage bezogen. Vor allem sollen sie das Wettergeschehen für kommende Wochen und Monate zeigen. Von

Ludwig Richter (1803–1884)
Das Turmblasen, kolorierter Holzschnitt

Generation zu Generation wurden Lostagsregeln weitergegeben und vielfach durch eigene Beobachtungen ergänzt. Manche dieser Sprüche sind Teil des Aberglaubens, der sich auch in gewissen Volksbräuchen niederschlug, von denen wir hier ebenfalls berichten wollen.

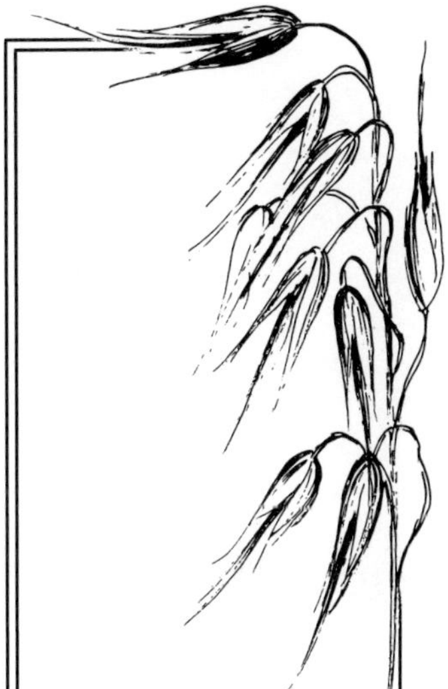

DIE LIEBESORAKEL DER NEUJAHRSNACHT

1. Januar: Schon immer wurde mit viel Lärm das neue Jahr begrüßt. In Schwaben und Pommern, in Thüringen und Franken schoß man es ein, in Ostpreußen lärmte man wie an einem Polterabend. Turmbläser spielten in Thüringen, Franken und Kärnten vom Kirchturm herab Choräle, in Westfalen und Baden kannte man das Umsingen in der Neujahrsnacht, das in Schmalkalden vor 150 Jahren sogar einmal verboten wurde, weil es die schlafenden Kinder wecken könnte.

Finanzielles Glück sollte derjenige haben, der eine Schuppe vom Neujahrs-Karpfen in seinem Geldbeutel aufhob. Neben dem Bleigießen war auch das Schuhorakel in der Neujahrsnacht ein recht abergläubischer Brauch. Dabei warf ein heiratswilliges Mädchen einen Schuh hinter sich. Zeigte die Spitze der Fußbekleidung zur Tür, so würde sie im selben Jahr noch das Elternhaus verlassen und heiraten. In Kärnten galt lange Zeit das „Hühnerorakel":

Gackert der Hahn,
so krieg i a Mann,
gackert die Henn,
so woasz i net wen.

In Bayern warf die Bauerstochter Holzscheite auf einen Baum und zählte sie Stück für Stück, bis schließlich einer hängen blieb; dann wußte sie, wieviele Jahre sie bis zur Hochzeit noch warten mußte.

Von den Wetterregeln des Neujahrstages erwähnen wir hier nur zwei, kommen aber bei der Betrachtung der zwölf Rauhnächte, von Weihnachten bis zum Dreikönigstag, noch einmal darauf zurück.

Die Neujahrsnacht hell und klar
deutet auf ein reiches Jahr.

Morgenrot am Neujahrstag
Unwetter bringt und große Plag.

6. Januar: Am Dreikönigstag, der den drei Weisen aus dem Morgenland, Caspar, Melchior und Balthasar geweiht war, schrieb man die Anfangsbuchstaben ihrer Namen C+M+B auf Zettel. Diese benutzte man das Jahr über als Amulett, das vor Unbill schützen sollte, oder nagelte den Dreikönigszettel über die Haustür, damit keine bösen Geister die Schwelle überqueren konnten.
Der Dreikönigstag beendet die zwölf Rauhnächte, in denen nach dem Volksglauben Geister und Gespenster ihr Unwesen treiben. Aber so ganz war man nicht davon überzeugt, daß nun der Spuk vorbei sei, den nicht nur imaginäre Bösewichte in diesen zwölf Nächten trieben, sondern auch maskierte Burschen.
Vielfach wurden den Geistern auch Speisen hingestellt, damit sie gesättigt davonziehen konnten. In Oberbayern und in Tirol stellte man für die Frau Perchta, eine der norddeutschen Frau Holle ähnliche Gestalt, Essen vors Fenster oder legte Nudeln für sie aufs Dach. Und vor dem Schlafengehen durften auf dem Tisch ein Krug mit Wasser und Brot nicht fehlen. Wer so handelte, dem half Frau Perchta das ganze Jahr über. Wer aber am Dreikönigstag nicht an die Perchta dachte, dem würde sie – glaubte man – übel mitspielen.
Natürlich muß am Dreikönigstag überall viel Lärm gemacht werden, damit auch die letzten bösen Geister Haus und Hof verlassen. Die Kinder aber dürfen als Caspar, Melchior und

Balthasar verkleidet von Tür zu Tür ziehen und Dreikönigslieder singen. Und jeder, der sie hört, gibt ihnen gern ein Geschenk mit auf den Weg.
Übrigens, wer am Dreikönigstag noch Äpfel von der letztern Ernte aufbewahrt, der hat sie zu lange gelagert:

Heilige Drei Könige hochgeboren –
da haben die Äpfel den Geschmack verloren.

Als Wetterrregeln gelten diese:

Ist Dreikönig hell und klar,
gibt's viel Wein in diesem Jahr.

Ist bis Dreikönig kein Winter – folgt keiner mehr dahinter.

15. Januar: Am Paulustag wird der erste christliche Einsiedler gefeiert, der 60 Jahre lang vollkommen abgeschieden in einer Felshöhle lebte.

Ist der Paulustag gelinde,
folgen im Frühjahr rauhe Winde.

20. Januar: Nach Fabian und Sebastian sollte kein Holz mehr gefällt werden.

Fabian und Sebastian
lassen den Saft in die Bäume gahn.

An Fabian und Sebastian fängt oft der rechte Winter an.

21. und 22. Januar: Für diese beiden Tage (Agnes und Vincentus) galt Ähnliches wie an Fabian und Sebastian:

Wenn Agnes und Vincentus kommen,
wird neuer Saft im Baum vernommen.

Ludwig Richter (1803–1884)
Dreikönigslied

25. Januar: Pauli Bekehrung war in der Schweiz „Weiberfeiertag“, an dem die Frauen das Regiment übernahmen. Die Bauernregeln für diesen Tag:

Hat Paulus weder Schnee noch Regen,
bringt das Jahr gar manchen Segen;
hat er Wind – regnet's g'schwind.

St. Pauli Bekehrung hell und klar,
so hofft man auf ein gutes Jahr.

SPINNEN AM ABEND

2. Februar: Mariä Lichtmeß, 40 Tage nach Weihnachten, wird in vielen katholischen Gegenden, vor allem auch in Baden, als Marienfest gefeiert. Es werden Wachskerzen geweiht, damit sie das ganze Jahr über Haus und Hof vor Blitzen und Feuer beschützen. In Hessen rollte man früher Feuerräder aus Stroh von den Bergen, die wohl sinnbildlich den Schnee verbrennen sollten.

Wilhelm Leibl (1844–1900)
Die Spinnerin

Am Lichtmeßtag ist der Winter bald vergessen. Überall zeigen sich schon die Vorboten des Frühlings. Die Spinnstube, in der sich die Mädchen und Burschen die Winterabende vertrieben hatten, wurde geschlossen:

Lichtmeß
spinn'n vergeß,
bei Tag z' Nacht eß,
's Rädle hinter d' Thür,
d' Hacke herfür!

Am Tag zu spinnen war sowieso verpönt, weil es da genügend andere Arbeit gab:

Spinnen am Abend
erquickend und labend,
spinnen am Morgen
Kummer und Sorgen.

Dieser alte Spruch bedeutet, daß diejenigen, die ihr Geld mit Spinnen verdienen mußten, also schon morgens am Spinnrad saßen, oft Sorgen hatten. Im Gegensatz zu den anderen, die auf ihren Feldern arbeiten konnten. Nicht recht ersichtlich ist, warum dieser Spruch heute auf die Spinnen angewandt wird, die zu jeder Zeit ihre Netze auslegen, um darin ihre Opfer zu fangen.
Ein besonders schlauer Kalendermann fügte dieser verfälschten Regel noch einen Reim an:

Spinnen am Mittag –
Freude am dritten Tag.

Und so ging die Mär von der zukunftverheißenden Spinne um die Welt...
An Lichtmeß trieb der Aberglaube Blüten. In Baden zog der Bauer oder sein Sohn eine Kette dreimal ums Haus; das galt als todsicheres Mittel zur Vertreibung von Schlangen und

Ludwig Richter (1803–1884)
Hühner, Ausschnitt

Hans Sebald Beham (1500–1550)
Spinnstube

Mäusen. Und wenn man in Hessen Hirsebrei und eine überlange Bratwurst aß, so bedeutete das, daß der Flachs im Sommer recht lang ausfallen würde.
In der Lichtmeßwoche hatten Bäurin und Bauer alle Hände voll zu tun:

Um Lichtmeß kalbt die Kuh,
dann legt das Huhn,
dann zickelt die Geiß,
dann macht der Bauer am allermeist.

Der 2. Februar gilt als wichtiger Lostag, aus dessen Wetter man auf die Zukunft schloß:

Wenn's an Lichtmeß stürmt und schneit,
ist der Frühling nicht mehr weit.
Ist es aber klar und hell,
kommt der Lenz wohl nicht so schnell.

Gibt's an Lichtmeß Sonnenschein,
wird's ein spätes Frühjahr sein.

Um Lichtmeß Lerchengesang
macht um den Lenz nicht bang.

Sonnt sich der Dachs in der Lichtmeßwoche,
geht er auf vier Wochen wieder zu Loche.

Wenn der Nebel zu Lichtmeß fallt,
wird's gewöhnlich sehr lange kalt.

Der Lichtmeßtag war auch ein Fastentag:

Iß am Lichtmeß kein Fleisch,
wenn du gesund bleiben willst.

3. Februar: In einigen Gegenden, wo Mariä Lichtmeß nicht so überschwenglich gefeiert wird, stoppt St. Blasius den Winter, zumindesten scheint jetzt das Schlimmste überstanden zu sein:

St. Blasius stößt
dem Winter die Hörner ab.

5. Februar: Agatha gilt als Schutzheilige gegen Feuersbrünste, deshalb werden in einigen Gegenden geweihte Lichter in Häusern und Ställen angezündet. Geweihtes Brot soll die Bauernfamilie, deren Gesinde und Besitz vor Schaden bewahren. War der Agathentag freundlich, versprach er Gewinn:

An Agathe Sonnenschein
bringt viel Korn und Wein.

6. Februar: Obwohl St. Dorothee Schutzpatronin der Gärtner und Blumenhändler ist, haben wetterkundige Bauern keine gute Meinung von ihr:

St. Dorothee – bringt meistens Schnee.

22. Februar: Auch Petri Stuhlfeier droht mit einem Kälterückschlag:

Ist St. Petrus kalt,
hat die Kält' noch lang Gewalt.

Für Gärtner hatte man diese Ratschläge parat:

Hat St. Peter das Wetter schön,
soll man Kohl und Erbsen sä'n.

St. Petri du Kohl pflanzen sollst,
weil dann vor Raupen du ihn schonst.

24. Februar: Für den Matthiastag gilt Ähnliches wie für Petri Stuhlfeier:

Wenn neues Eis Matthias bringt,
so friert's noch 40 Tage;
wenn noch so schön die Lerche singt,
die Nacht bringt neue Plage.

Virginie Waltenberger
Schneerosen im Walde

Pieter Brueghel d.J.
(1564–1638) Winterlandschaft

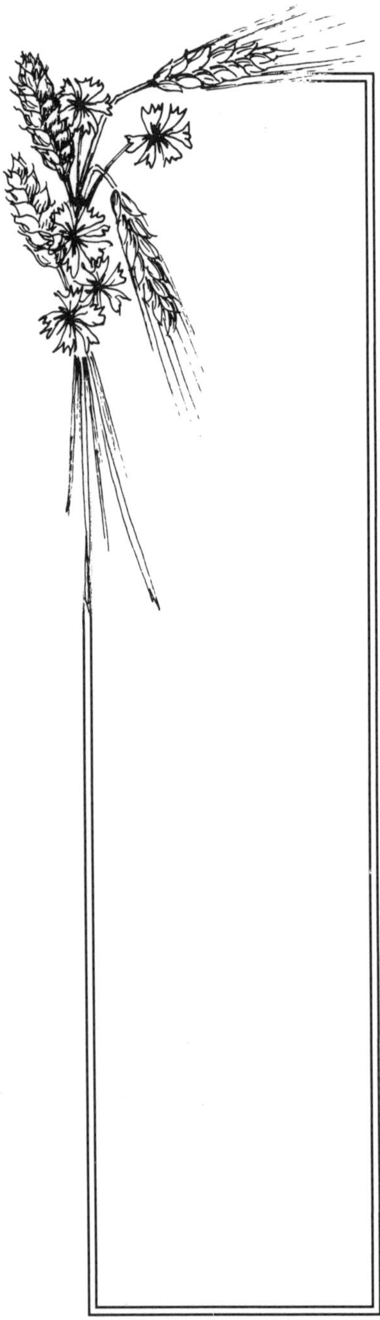

Aber man ist auch hoffnungsfroh, wenn der 24. Februar ein sonniger Tag ist:

Taut es vor und auf Mattheis,
geht kein Fuchs mehr übers Eis.

Wenn Matthias kommt herbei,
legen Gans und Huhn das erste Ei.

Matthias hab' ich lieb, gibt dem Baum den Trieb.

Doch anscheinend hielten die Bauern den Tag auch für recht wetterwendisch:

Mattheis bricht das Eis, hat er keins, so macht er eins.

JETZT GEHT'S AUFS FELD

3. März: Am Kunigundentag hat sich in der Erde trotz Kälte und Schnee doch schon ein wenig Wärme angestaut.

Kunigund – macht warm von unt'.

Lachende Kunigunde – bringt frohe Kunde.

Aber so ganz sicher ist sich der Bauer nicht:

Ist Kunigunde tränenschwer,
dann bleibt gar oft die Scheune leer.

12. März: In Norddeutschland werden die Störche erst am Gregorstag zurückerwartet; denn:

Am Gregorstag schwimmt das Eis ins Meer.

Trotzdem blieb man noch ein wenig skeptisch:

Weht am Gregoriustag der Wind,
noch 40 Tage windig sind.

Um diesen Tag herum sollte der Acker bestellt werden, und ein lieber Hausgenosse kam aus dem Süden zurück:

Wenn Gregorius sich stellt,
muß der Bauer auf das Feld.

An Gregor kommt die Schwalbe
über des Meeres Port,
an Benedikt (21. 3.) sucht sie im Haus 'nen Ort,
an Bartolomä (24. 8.) ist sie wieder fort.

17. März: Gertraud (oder Gertrud) kündigt den Frühling an und sie läßt im Garten werkeln. Vielfach werden auch schon die Kühe auf die Weide getrieben.

Wer dicke Bohnen und Möhren will essen,
darf St. Gertraud nicht vergessen.

Ist St. Gertrud sonnig, wird's dem Gärtner wonnig.

Gertraud – führt die Kuh zum Kraut.

19. März: In einigen ländlichen Gegenden feiert man noch heute am Josephstag (in Bayern Josefi und in der Schweiz Seppitag genannt) Kinderfeste. Herrscht am Tag des Schutzpatrons der Ehe- und der Zimmerleute schönes Wetter, so macht der Bauer sich seinen Vers darauf:

Ist es an Josephus klar, wird es ein gesegnet' Jahr.

Joseph klar – gutes Honigjahr.

21. März: An St. Benedikt wurden in Süddeutschland die Zwiebeln gesät oder gesteckt:

St. Benedikt – macht Zwiebeln dick.

Und wer sein Hausgärtlein für sommerliche Blumenpracht vorbereiten wollte, der vertraute auf den Heiligen, der der Begründer des Benediktinerordens war:

St. Benedikt – den Garten schmückt.

Der 21. März wurde auch mit Sommertags-Umzügen gefeiert. In der Pfalz trugen dabei die Kinder geschnitzte Stäbe, die mit Bändern und Brezeln geschmückt und mit einem Apfel gekrönt wurden, dazu sangen sie das alte Sommertagslied:

Strieh, strah, stroh,
der Summerdag is do!
Der Summer und der Winder –
das sind Geschwisterkinder.
Summerdag, Staabaus,
blooß em Winder die Aage aus.
Strieh, strah, stroh, der Summerdag ist do.

25. März: Mariä Verkündigung, in der bildenden Kunst neben der Kreuzigung häufigstes Motiv der Maler und Bildhauer, wird neun Monate vor Weihnachten gefeiert. Zwischen Sankt Gregor und dem Verkündigungstag stellen sich im Bauernhaus wieder einige Glücksbringer ein:

An Mariä Verkündigung
kommen die Schwalben wiederum.

Auf dem Lande ist man gewohnt, früh zu Bett zu gehen. Von nun an braucht man sich kein Licht mehr in die Schlafstube mitzunehmen:

Mariä Verkündigung bläst das Licht aus,
St. Michel (29. 9.) zündet's wieder an.

Der wetterkundige Bauer hat noch andere Beobachtungen gemacht, die mit Mariä Verkündigung zusammenhängen:

Wasser auf der Wintersaat
schadet nicht vor, aber nach Marien.

<u>27. März:</u> Die letzte Feststellung galt auch mit Einschränkung für den Ruprechtstag:

Ist an Ruprecht der Himmel rein,
so wird er's auch im Juli sein.

Simone Martini
(1283 – nach 1344)
Verkündigung, Ausschnitt

Raffael (1483–1520)
Der heilige Georg im Kampf mit dem Drachen

SANKT GEORG, DER SCHIMMELREITER

4. April: Recht trübe Erfahrungen hat mancher Bauer mit dem Ambrosiustag gemacht:

Ambrosius
schneit oft den Bauern auf den Fuß.

Ist Ambrosius schön und rein,
wird St. Florian (4. 5.) dann wilder sein.

Jetzt ist es an der Zeit, die Erbsen zu säen:

Erbsen säe Ambrosius,
so tragen sie reich und geben gut Mus.

14. April: Recht frohgestimmt war man am Tiburtiustag:

Grüne Felder auf Tiburtiustag
ziehen viel Getreide nach.

Kommt Tiburtius mit Sang und Schall,
bringt er Kuckuck und Nachtigall.

23. April: Einer der wichtigsten Lostage ist St. Georg. Liegt noch Reif so weiß wie ein Schimmel auf den Feldern, kann das nur Gutes bedeuten:

Kommt St. Georg geritten auf einem Schimmel,
so kommt auch ein gutes Frühjahr vom Himmel.

An St. Georg legte der Bauer seit dem 18. Jahrhundert seine Kartoffeln, weil sie dann – so der Volksglaube – besonders reiche Ernte bringen würden. Auf Obst und Getreide nehmen diese Lostagsregeln Bezug:

Auf St. Georgens Güte stehen alle Bäum' in Blüte.

Jacopo Tintoretto (1518–1594)
Kampf des heiligen Georg mit dem Drachen

Wenn's am Jörgentag regnet, gibt's keine Birnen.

Zu Georgi soll ein Rabe sich
im Roggen verbergen können.

Hohes Korn zu St. Jürgen wird viel Gutes verbürgen.

Am Georgstag wurde nicht mit den Pferden gearbeitet, und die Kühe kamen in den Stall. Nicht umsonst ist St. Georg Schutzpatron der Bauern, aber auch der Pferde, die in einigen Gegenden beim Georgiritt, einer Flurprozession hoch zu Roß, gesegnet werden.

Georgi ist ein Ruhetag für die Pferde.

Auf St. Georgen muß man
die Kuh von der Wiese jagen;
denn die Wiese geht ins Heu,
ist St. Georgentag vorbei.

25. April: Bauern und Gärtner machten diese Erfahrungen mit dem Markustag:

Solange es vor St. Markus warm ist,
solange ist es nachher kalt.

Leg' erst nach St. Markus Bohnen,
er wird dir's reichlich lohnen.

Bauen um Markus schon die Schwalben,
gibt's viel Futter, Korn und Kalben.

28. April: St. Vital muß ein schöner Tag werden, sonst hat er schlimme Folgen:

Friert's am Tag von St. Vital,
friert es wohl noch fünfzehn mal.

Francisco de Goya (1746–1828)
Hexen

Die Walpurgisnacht, nach einer Skizze von C. Hütte

WENN DIE HEXEN TANZEN …

1. Mai: In der Nacht zum Walpurgistag, dem Namensfest der heiligen Walburga, tanzten auf dem Blocksberg, so heißt der Brocken in der Mythologie, die Hexen. Deshalb beginnt man auf dem Lande den 1. Mai auch noch mit Peitschenknallen und Glockenläuten, um die bösen Geister zu verjagen. In Sachsen und Thüringen zündet man Höhenfeuer an, das sogenannte „Hexenbrennen". Dort versteckte man sogar die Besen, damit die Hexen nicht auf ihnen reiten konnten.

In der Walpurgisnacht treiben noch heute – zum Beispiel in Bayern – junge Burschen ihr Spiel. Sie heben Türen aus, die man nicht vorsichtshalber abgeschlossen hat, und stellen manchmal gar Bauernwagen aufs Scheunendach.
Das schönste Mädchen aus dem Dorfe wird hier und da auch heute noch zur Maienkönigin gewählt, und man errichtet den Maibaum, der in Bayern in der Nacht zum 1. Mai oft heimlich gestohlen wird und nur durch viele Maß Bier und eine reichliche Brotzeit ausgelöst werden kann.
Wer verliebt war, stellte seiner Liebsten in der Walpurgisnacht den „Maien" (Birken- oder Tannenreisig) vor die Tür, ans Fenster oder auch aufs Hausdach. Wer aber unbeliebt war, der bekam in Hessen und in anderen süddeutschen Gegenden einen „Schandmaien" vor die Haustür gestellt – dürre Äste oder Bäumchen, die man auch Hexenbesen nannte.
In Westfalen setzte man Strohpuppen in noch unbearbeitete Gärten oder streute eine Häckselspur von der Wohnung eines Mädchens, das häufig die Liebhaber wechselte, zum Stall des Dorfbullen.
Recht zahlreich sind die Lostagsregeln, die sich um Walburga und ihren 1. Mai drehen:

Wenn's Wetter gut am 1. Mai,
gibt es viel und gutes Heu.
Fällt Reif am 1. Mai,
bringt er im Feld viel Segen herbei.

Tau am Walpurgismorgen
verheißt viel Butter.

Regen auf Walpurgisnacht,
hat stets ein gutes Jahr gebracht.

Regnet's am 1. Maientag,
viel Früchte man erwarten mag.

Walpurgisfrost – ist schlechte Kost.

Der heilige Florian, nach einem Holzschnitt um 1550

Am 1. Mai – fährt man den Ochsen ins Heu.

3. Mai: Der Kreuzauffindungstag erinnert an Helena, die Mutter Kaiser Konstantin des Großen, die – gerade erst Christin geworden – das Kreuz Christi aufspürte. Als Lostag verkündet er:

Wie's Wetter am Kreuzauffindungstag,
bis Himmelfahrt es bleiben mag.

Wenn es am heiligen Kreuztag regnet,
werden die Nüsse leer.

4. Mai: St. Florian soll vor Feuers- und Wassernöten schützen. Manch schlitzohriger Bauer betete darum – wie es vom Volksmund überliefert ist:

Heiliger St. Florian,
beschütz mein Haus, zünd' andere an.

Die Wetterkundigen aber warnen:

Der Florian, der Florian
noch einen Schneehut setzen kann.

11. bis 15. Mai: Die Kälterückfälle, die den ganzen Mai über den jungen Pflanzen und der Blüte Schaden zufügen können, werden den „Eisheiligen" Pankratius, Servatius und Bonifatius (12. bis 14. Mai) in die Schuhe geschoben. In Norddeutschland kommt Mamertus (11. Mai) hinzu, und in Süddeutschland wird der „kalten Sophie" (15. Mai) noch frostiges Wetter nachgesagt.
Tatsächlich verschieben sich aber die regelmäßig eintretenden Kälterückfälle oft um einige Tage vor oder nach den Eisheiligen. Sie sind die Folge einer Luftdruckveränderung in Mitteleuropa, verbunden mit Nachtfrösten und Nordwind. Viele Bauernregeln beschäftigen sich mit den „Eismännern".

Pankratius und Servatius,
die bringen Kälte und Verdruß.

Pankrazi, Servazi, Bonifazi
sind drei frostige Bazi,
und zum Schluß fehlt nie
die kalte Sophie.

Drei Heilige auf Az,
die stehlen wie der Spatz.

Ehe Pankraz und Servaz nicht vorbei,
ist nicht sicher vor Kälte der Mai;
oft ist sogar St. Urbanus (25. 5.)
noch ein arger Grobianus.

Der heilige Mamerz
hat von Eis ein Herz;
Pankratius hält den Nacken steif,
sein Harnisch klirrt von Frost und Reif;
Servatius' Hund der Ostwind ist,
hat schon manch' Blümlein totgeküßt.

Pankraz und Servaz sind zwei böse Brüder,
was der Frühling gebracht, zerstören sie wieder.

Wer seine Schafe schert vor Servaz,
dem ist die Wolle lieber als das Schaf.

Aber die Eisheiligen tun manchmal auch ihr Gutes, wenn sie ausnahmsweise einmal ohne Kälte und Regen einhergehen:

Die drei Azius ohne Regen,
sind für den Winzer großer Segen.

Ist St. Pankratius schön,
wird guten Wein man seh'n.

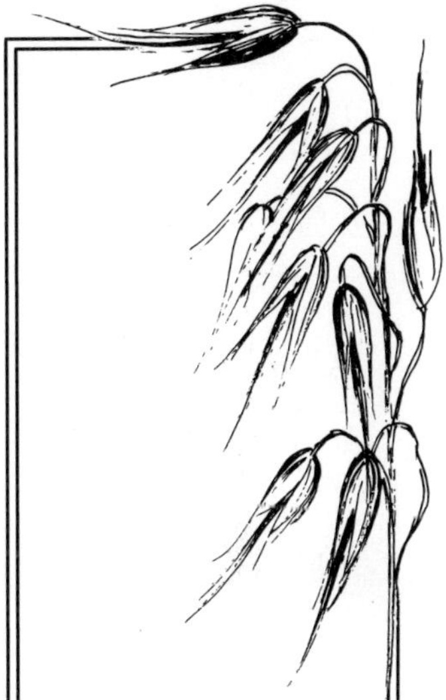

Der Sämann, nach einer Radierung von G. Kollmann um 1750

Wenn es am Pankratiustag schön ist,
so ist das ein gutes Zeichen
zu einem schönen und reichen Herbst.

Und die Bauernarbeit geht trotz Kälterückfall weiter:

Vom 8. bis 14. Mai
müssen Bohnen und Gurken in den Boden nei'.

Vor allem in Süddeutschland ist auch der Sophientag noch von einem Kälterückfall gekennzeichnet:

Vor Nachtfrost bist du sicher nicht,
bevor Sophie vorüber ist.

Danach glaubt der Landmann keine Angst mehr davor haben zu müssen, daß seine Saat Schaden nehmen könnte:

Mitte Mai – ist der Winter vorbei.

Vor allem der Leinsamen soll Mitte Mai gesät werden:

Kalte Sophie sät Lein – zu gutem Gedeih'n.

In Westpreußen engte man diesen Spruch ein wenig ein:

Lein, gesäet Sophientag,
stets vortrefflich wachsen mag,
säet man ihn Vormittag;
doch gesät am Nachmittag
nur ein Knötlein gibt Ertrag.

25. Mai: Der letzte Kälteeinbruch kann sich bis zum Urbanstag verschieben, aber:

St. Urbanus gibt der Kälte den Rest,
wenn Servatius noch was übrig läßt.

Vor allem der Winzer achtete sehr auf das Wetter an diesem Tag, von dem er auf den Herbst schloß:

St. Urban hell und rein
segnet die Fässer ein.

Ist am Urbanstag das Wetter schön,
so wird man volle Weinstöck' seh'n.

Die Witterung auf St. Urban
zeigt des Herbstes Wetter an.

Wie's an St. Urban wittert,
also wittert's in der Weinlese.

Scheint am St. Urbanstag die Sonne,
so gerät der Wein zur Wonne;
regnet's aber, so nimmt er Schaden
und wird selten wohlgeraten.

Frauen bei den Erntearbeiten, um 1789

Ludwig Richter (1803–1884)
Aussaat

Die Winzer zahlten es aber ihrem Schutzpatron Urban auch mal heim. So stellte man zum Beispiel in Franken die Statue des Heiligen am Markt auf einen Tisch. War der Tag schön und klar, so wurde die Holzstatue reichlich mit Wein übergossen. Enttäuschte aber Urban mit Regen, so bewarf man ihn mit Straßenkot, begoß ihn mit schmutzigem Wasser oder tauchte ihn gar in einem Wassertrog unter.
Auch der Landwirt kennt Wetterregeln zum Urbanstag:

Wie Urbanus sich verhält,
so ist auch das Heuwetter bestellt.

Wer den Hafer nicht klotzt vor St. Urban,
der will wahrlich keinen Hafer han.

St. Urban säe Flachs und Hanf.

An Urban – die Hirse gut geraten kann.

Auf Urban muß man dicke Bohnen legen,
so gedeihen sie zum Segen.

DER SCHAFSKÄLTE FOLGEN UND DES TÄUFERS SONNENWENDE

8. Juni: Ganz selten bringt die Schafskälte, die am Medardustag einsetzen kann und etwa eine bis zwei Wochen dauert, noch Reif auf die Felder. Der Schaden bleibt gering, aber dem 8. Juni werden trotzdem ähnliche Eigenschaften wie dem Siebenschläfertag (27. Juni) nachgesagt, der nach alter Bauernweisheit das Wetter langfristig festlegen soll.

Wie's Wetter auf St. Medardi fällt,
es bis zum Mondesschluß anhält.

Medardi Regen bringt der Gerste keinen Segen.

Hat Medardus an Regen Behagen,
will er ihn auch in die Ernte jagen.

An St. Medardus wird ausgemacht,
ob 40 Tag' die Sonne lacht.

Wie's wittert am Medardustag,
so bleibt's sechs Wochen lang danach.

Wenn's am Medarditag regnet,
so wird das Heugras vergiftet.

Wenn auf Medardus Regen herabschießen,
die Trauben den Rhein hinunterfließen.

11. Juni: St. Barnabas richtet vieles, was an Medardi verschlampt wurde:

St. Barnabas macht, wenn er günstig ist,
wieder gut, was verdorben ist.

Regnet's an St. Barnabas,
schwimmen die Trauben bis ins Faß.

Der Sichel vergiß nicht an Barnabas,
er sorget gern fürs längste Gras.

15. Juni: An St. Veit (Vitus) ist die Sommersonnenwende nahe. Das schlägt sich in einigen Bauernregeln nieder:

Der Wind dreht sich um St. Veit,
da legt sich's Laub auf die andere Seit'.

Vielfach ist der Veitstag für den Bauern recht negativ bestellt:

Regnet's an St. Vit,
gerät die spät gesäte Gerste nit.

St. Vit bringt die Fliegen mit.

Die Nachtigalle singt
nur bis Vitustag.

Wer säet nach Vit,
geht der Saat und Ernte quitt.

Der Winzer aber beobachtet:

Ist der Wein abgeblüht auf St. Vit,
so bringt er ein schönes Weinjahr mit.

24. Juni: Der Johannistag, Geburtstag Johannes des Täufers, liegt genau sechs Monate vor beziehungsweise nach Christi Geburt. Alte germanische Sonnenwendbräuche leben an diesem Tag auf: In der vorangehenden Nacht wird auf den Bergen das Johannisfeuer abgebrannt. Und in Südbayern wird schon einige Tage vorher, im „Sonnenwendreiten" am Veitstag, das Holz für den Flammenstoß gesammelt. Im Spessart warnt ein beliebter Bettelreim:

Sunnwendfeuer,
der Haber ist teuer.
Wer kein Holz zum Feuer git,
erreicht das ewige Leben nit.

Wenn dann in der Johannisnacht der Holzstoß entflammt ist, springen verliebte und verlobte Paare durch die lodernden Flammen, wobei der Bursch in Südbayern hierzu sein Mädel mit dem überlieferten Vers auffordert:

Unterm Kopf und überm Kopf,
tua i's Hüatl schwinga.
Dirndl, wennst mi gerne hast,
mußt durchs Feuer mit mir springa.

Albrecht Dürer (1471–1528)
Akeleistock

Vielfach läßt man strohumwickelte Räder, die in Hessen „Hagelräder" heißen, zu Tal rollen.
Auch Heilkräuter werden in der Johannisnacht gesucht. Besondere Blumen, die man Johannisblumen nennt, schmücken am Johannistag Haus und Stall. Die geweihten Kräuterbüschel bewahrt die Bauersfamilie sehr sorgfältig auf, um bei Gewittern einige Zweige davon im Herd zu verbrennen. Der kräutergeschwängerte Rauch soll ein vortrefflicher Blitzableiter sein.
Das nach dem Täufer Christi benannte Johanniskraut, das Ende Juni blüht, galt als besonders abwehrstark gegen alle bösen Geister. Man trug es um den Hals oder auf dem Hut, man legte es ins Bett oder räucherte das Zimmer damit aus, um Mann und Weib vor Impotenz zu schützen. Junge Mädchen flochten Kränze daraus, die sie aufsetzten, wenn sie um das Johannisfeuer herumtanzten. Ein Jahr lang wurden diese Kränze dann aufbewahrt, damit Haus und Hof kein Schaden zugefügt werden konnte. In Bayern sollte das Kraut frühmorgens vor dem ersten Glockengeläut gepflückt werden, wobei man darauf achten mußte, nur ja von niemandem angeredet zu werden, sonst war der ganze schöne Zauberschutz dahin.
In der Johannisnacht wurden im Waldeckischen die Wünschelruten geschnitten, mit denen geübte Rutengänger geheime Wasseradern entdecken konnten. In Schlesien steckte man Lebensbaumzweige der Myrthe in Wasser und schloß aus ihrem Erblühen, daß sich zwei Liebende auch heiraten würden. Dieser Wunsch ging nicht in Erfüllung, wenn die Blüten ausblieben. Und in Thüringen tanzten die Kinder unter der eben erblühten Dorflinde Ringelreihen.
Das Glühwürmchen, das in der Johannisnacht besonders schön leuchten soll, nennt der Bauer auch Johanniswürmchen; und er macht gleich seinen Vers darauf:

Wenn die Johanniswürmchen
schön leuchten und glänzen,
kommt's Wetter zu Lust

Albrecht Dürer (1471–1528)
Schöllkraut

und im Freien zu Tänzen;
verbirgt sich das Tierchen
bis Johanni und weiter,
wird's Wetter einstweilen
nicht warm und nicht heiter.

Und damit sind wir bei den Lostagsregeln, die recht zahlreich am Johannistag erstellt wurden:

Wenn Johannes ist geboren,
geh'n die langen Tag verloren.

Vor Johanni bitt' um Regen,
nachher kommt er ungelegen.

Was es vor Johanni regnet,
kommt dem Bauern in den Sack;
was es aber nach Johanni regnet,
geht wieder hinaus.

Regnet's am Johannistag,
so regnet es noch vierzehn Tag'.

Johannisregen bringt schlechte Ernte zuwegen.

St. Johannis Regengüsse
verderben die besten Nüsse.

Es gibt noch viele derartige Regensprüche, dagegen recht wenige, die von einem sonnigen Johannistag sprechen. Nach unseren Beobachtungen aber mag sich der Bauer trösten: In 35 Jahren, in denen wir das Wetter an Johanni beobachteten, gab es ganze drei Regentage! So gesehen, kann man sich mit der alten Regel freuen:

Johanni trocken und warm,
macht den Bauern nicht arm.

27. Juni: Über den Siebenschläfertag ist schon viel geschrieben und ebensoviel gelästert worden. Der Name stammt von sieben jungen Christen, den „sieben Brüdern", die der Legende nach im Jahre 251 nach Christi während einer Christenverfolgung in einer Höhle bei Ephesus eingeschlafen und erst im Jahre 446 wieder aufgewacht sein sollen. Nach den „Siebenschläfern" richten sich in Lostagsregeln die nächsten sieben Wochen:

Das Wetter am Siebenschläfertag
sieben Wochen bleiben mag.

Siebenschläfer Regen – sieben Wochen Regen.

Ist der Siebenschläfer naß,
regnet's ohne Unterlaß.

Natürlich ist die Sieben-Wochen-Regel stark übertrieben, denn möglicherweise regnet es am 27. Juni in dem einen Landstrich und in einem benachbarten scheint die Sonne – was dann? Nach alten Beobachtungen stimmt freilich, daß sich Ende Juni der Charakter des Sommers entscheidet. Sind die letzten Tage des Monats kühl und regnerisch, so trifft das

Ludwig Richter (1803–1884)
Johannisfest

Barent Fabritius (1624–1673)
Petrus im Hause des Cornelius

meist auf den ganzen Sommer zu, auch wenn einige Sonnentage die Regel scheinbar Lügen strafen.
29. Juni: Peter und Paul sind die himmlischen „Wetterherren". Der Apostel Petrus gilt im Volksglauben nicht nur als Hüter des Eingangs zum Paradies, sondern er soll auch für das Wetter auf der Erde verantwortlich sein. Und das schlägt sich in den Bauernregeln von Peter und Paul nieder, wobei wir bemerken möchten, daß der „Paulstag" in Süddeutschland als der eigentliche Siebenschläfertag gilt.

Regnet's am Tag von Peter und Paul,
steht es mit dem Wetter faul.
Es drohen dreißig Regentage,
da nützet nun mal keine Klage.

Petri-Pauli klar – gibt ein gutes Jahr.

Schön zu St. Paul – füllt Tasche und Maul.

Peter und Paul
scheißen einander aufs Maul.

Der Petrus schwimmt
entweder im Schiff daher
oder im Schiff dahin.

Peter Paul Purzel
bricht dem Korn die Wurzel.

Nach Peter- und Paul-Tag
reift das Korn auch bei Nacht.

Ludwig Richter (1803–1884)
Sommer

WIE DER SOMMER WIRD ...

2. Juli: Die Kette der auf den Sommer „vorausschauenden" Wettertage schließt mit Mariä Heimsuchung:

Wie das Wetter an Mariä Heimsuchung,
so wird es 40 Tage sein.

Wie unsere liebe Frau übers Gebirge geht,
so kehrt sie auch nach sechs Wochen wieder zurück.

Wie Maria fortgegangen,
wird Magdalene (22. 7.) sie empfangen.

Mariä Heimsuch wird's bestellt,
wie's Wetter sich 40 Tage hält.

Die vorausgesagten Regentage mildern sich, je weiter man vom Gebirge im Süden nach Norden kommt, auf 14 oder 10 Tage ab. Fest steht aber, daß der Bauer in Süddeutschland an Mariä Heimsuchung ängstlich zum Himmel schaute:

Geht Mariä über's Gebirge naß,
bleibt leer Scheune und Faß.

Mariä Heimsuchung – Mariä Heumachung.

4. Juli: In den österreichischen Alpen wird der Ulrichstag feierlich mit Segnungen begangen, damit die um diese Zeit herum häufigen Unwetter nicht die Ernte gefährden. In Bauernregeln warnt St. Ulrich vor allem die Gärtner:

Regen am Ulrichstag macht die Birnen wurmstichig.

Wenn's am Ulrichstag donnert,
fallen die Nüsse vom Baum.

20. Juli: Die Märtyrerin Margarete, eine der 14 Nothelferinnen, ist Patronin der Feldfrüchte. Am Margaretentag blühen im allgemeinen auch die Margeriten. Margaret gilt den Bauern als Wetterfrau:

Christus und Magdalena, nach einem Gemälde von Hans Schäufelein, Anfang 15. Jh.

Hat Margrit keinen Sonnenschein,
dann kommt das Heu nicht trocken ein.

Margaretens Regen – wird erst nach Monatsfrist sich legen.

Margaretens Regen – bringt keinen Segen.

Bringt Margarete Regenzeit,
so verdirbt Most und Nuß weit und breit.

Peter Paul Rubens (1577–1640)
Heimkehr von Bauern von der Arbeit

Wenn Margarete Regen fällt ins Laub,
so fallen die Walnüsse ab,
und die Haselnüsse werden taub.

Der Margaretentag ist auch der Namenstag des Propheten Elias, worauf man gleich folgenden Reim machte:

Regnet's am Tage Elias,
gibt es viel Mehltau und Mäusefraß.

Virginie Waltenberger
Weiße Bergmargariten

Bei strahlendem Sonnenschein am Margaretentag haben Landwirt und Gärtner keine Not:

St. Margaret führt die Schnitter ins Korn.

Die erste Birn' bricht Margaret,
drauf überall die Ernt' angeht.

Margarete
bringt den Flachs auf Beete.

22. Juli: Christus erschien Maria Magdalena, die nach der Auferstehung an seinem Grabe weinte. An ihrem Tag, dem Magdalenentag, soll es nach altem Bauernglauben besonders oft regnen.

Magdalene weint um ihren Herrn,
drum regnet's an diesem Tage gern.

Magdalenen – fehlt's nicht an Tränen.

25. Juli: Um den Jakobstag herum beginnt in unseren Breiten im allgemeinen die Erntezeit.

Ist's vor Jakobi drei Tag geheuer,
so fährt das Korn man in die Scheuer.

An Jakobi Regen – stört den Erntesegen.

Wenn es zu Jakobi regnet,
so regnet es den Weibern in den Backtrog.

Die ersten Kartoffeln, die an diesem Tag geerntet werden, nennt man allgemein Jakobskartoffeln, die ersten Äpfel dementsprechend Jakobsäpfel.

Jakobi bringt das Salz in die Äpfel.

Fällt an Jakobi die Blüte vom Kraut,
wurden keine guten Kartoffeln gebaut.

Am Jakobstag soll sich auch das Winterwetter schon abzeichnen:

Bläst Jakobus weiße Wölkchen in die Höh',
sind's Winterblüten zu vielem Schnee.

Jakobi klar und rein,
wird's Christfest frostig sein.

Sind um Jakobi die Tage warm,
gibt's im Winter viel Kält' und Harm.

26. Juli: Ähnliche Wetterregeln wie an St. Jakob hat auch der Annentag parat:

Anna warm und trocken,
macht den Bauer frohlocken.

Werfen die Ameisen an St. Anna höher auf,
so folgt ein strenger Winter drauf.

Um den Jakobs- und Annentag herum beginnen die sommerlichen Hundstage, die bis Ende August das Wetter bestimmen. Diese Jahreszeit wird durch den Aufgang des Hundssterns (Sirius) im Sternbild des großen Hundes bestimmt. Sie bringt in Mitteleuropa im allgemeinen das heißeste Wetter des Jahres.

Hundstage hell und klar
zeigen an ein gutes Jahr.

Wie das Wetter, wenn der Hundsstern aufgeht,
so wird's bleiben, bis er untergeht.

Jan Brueghel d.Ä. (1568–1625)
Bauern auf dem Weg zum Markt

Hundstage heiß und schwül,
braucht der Bauer Hände viel.

Der Hundsstern aufgeht
mit trübem Glantz,
bringt allzeit gern Pestilantz.
Erzeigt er sich aber hell und klar,
so ist zu hoffen ein gesundes Jahr.

Und auch die warme Jahreszeit läßt auf das spätere Wetter schließen:

Hundstage heiß – Winter lang weiß.

MARIÄ WURZWEIH . . .

10. August: Der Märtyrer Laurentius (Lorenz) wurde 285 nach Christi in Rom bei lebendigem Leib verbrannt. Er ist Schutzpatron der Bäcker, Köche und Feuerwehrleute. In ländlichen Gegenden blieben an diesem Tag die Backöfen und Kochstellen kalt, denn es galt die Regel, daß man am Laurentiustag ungestraft kein Feuer machen dürfe. Mit Hitze und Feuer haben auch die beiden ersten Lostagsregeln zu tun, während sich die anderen Sprüche mit dem zukünftigen Wetter beschäftigen.

St. Lorenz mit heißem Hauch
füllt dem Winzer Faß und Schlauch.

Ist's hell um den Laurentiustag,
viel Frücht' man sich versprechen mag;
jedoch schlechten Wein gibt's heuer,
wenn St. Lorenz ohne Feuer.

Laurentius heiter und gut,
einen schönen Herbst verheißen tut.

Am Backofen, Holzschnitt um 1500

Die Äpfel wer'n von Lorenzi g'salzen,
von Barth'lmä g'schmalzen.

Lorenzebrot schimmelt nicht.

Nach Laurenzi ist's nicht gut,
wenn's Rebholz jetzt noch treiben tut.

Kommt Laurentius her,
wächst das Holz nicht mehr.

15. August: Mariä Himmelfahrt ist das wohl älteste und höchste Marienfest der katholischen Kirche. Vielerorts werden an diesem Tag in Erinnerung an die Legende, man habe bei der Öffnung des Grabes Mariens statt des Leichnams nur Blumen vorgefunden, die Heilkräuter geweiht, die um diese Zeit gesammelt werden können. Und zur „Krautweihe", wie der Tag Mariä Himmelfahrt auch genannt wird, werden Büschel mit neun verschiedenen Kräutern, deren Zusammenstellung landschaftlich unterschiedlich ist, zum Gottesdienst getragen. Zum Kräuterbüschel gehörten zum Beispiel in Norddeutschland Beifuß, Brennessel, Wegerich, Wermut, Kamille, Schafgarbe und das Tausendgüldenkraut. Auch

Farn konnte dazu genommen werden und das Maßliebchen, das man auch Gänseblümchen nennt.
In Bayern gehörten zum „Buschen", der von Frauen und Mädchen an Mariä Himmelfahrt zum Hochamt mitgenommen und nach der Kommunion geweiht wurde, vor zweihundert Jahren noch 77 verschiedene Kräuter, die man um diese Zeit in Feld und Wald sammeln konnte. Heute sind es in Bayern mindestens neun, von denen später noch die Rede sein wird: Johanniskraut, Tausendgüldenkraut, Wermut, Schafgarbe, Königskerze, Minze, Kamille, Holunder und Arnika. Man hängt den geweihten Buschen, in dessen Mitte die Königskerze als Zepter „thront", an den Dachfirst oder an die Stalltür und hofft, daß so Menschen und Vieh vor Krankheiten und das Haus vor Unwetter geschützt sind.
Der Bauer hat aber noch andere Erfahrungen mit „Mariä Wurzweih":

Wer Rüben will, recht gut und zart,
sä sie an Mariä Himmelfahrt.

Und die Winzer wissen:

Mariä Himmelfahrt klar Sonnenschein
bringt gern viel guten Wein.

Scheint an Maria Himmelfahrt
die Sonne hell nach ihrer Art,
so freuen sich des Winzers Reben,
um einen guten Trunk zu geben.

Bäuerliche Wetterpropheten stellten in jahrzehntelangen Wetterbeobachtungen fest, daß sich die Witterung um Mariä Himmelfahrt gewöhnlich 14 Tage oder länger halten würde – ja:

Wie das Wetter am Himmelfahrtstag,
so der ganze Herbst sein mag.

<u>24. August:</u> Der Bartholomäustag hat traurige Berühmtheit erlangt, als in der Nacht zum 24. August 1572 in Paris die Hugenotten ermordet wurden. Für den Bauern ist er ein arbeitsreicher Tag.

Bartholomä –
wer Korn hat, der sä',
wer Gras hat, der mäh',
wer Hafer hat, der rech',
wer Äpfel hat, der brech'.

Bartholmei – schüttet Äpfel und Birnen ei.

Bartholomä – treibt das Kraut in die Höh'.

Albrecht Dürer (1471–1528)
Das kleine Rasenstück

Albrecht Dürer (1471–1528)
Das große Rasenstück

Zahlreich sind auch die Lostagsregeln, die sich auf das zukünftige Wetter beziehen:

Wie sich das Wetter am Bartheltag stellt ein,
so soll's den ganzen September sein.

Liegt Reif um den Bartheltag offen,
so ist ein warmer Herbst zu hoffen.

Bleiben die Störche noch nach Bartholomä,
kommt ein Winter, der tut nicht weh.

Gewitter um Bartholomä
bringen Hagel und Schnee.

Regen an St. Bartholomä tut den Trauben weh.

Jacob Grimmer (1525–1590)
Sommer

WENN DIE HIRSCHE WIEDER SCHREIEN

1. September: St. Ägidius ist einer der vierzehn Nothelfer, Patron der stillenden Mütter und des Viehs. Um den Ägidientag herum beginnt die Brunftzeit der Hirsche, in der sie um ihr Weibchen kämpfen und mit lautem Brunftschrei durch den Wald röhren. Der Tag ist für den Sämann günstig:

Geht der Hirsch in die Brunft,
so säe Korn und Vernunft.

Wenn St. Ägidius bläst ins Horn,
so heißt es: Bauer, sä' dein Korn!

Wer Korn schon um Ägidi sät,
nächstes Jahr viel Frucht abmäht.

Und auch an Ägidi fällt das Los für die nächsten Tage:

Wie das Wetter an Ägidius,
so es vier Wochen bleiben muß.

Wie St. Ägidientag,
so der ganze Monat mag.

Ist's an St. Ägidi rein,
wird's so bis Michaeli (29. 9.) sein.

Nur eines steht für den Bauern fest:

Ägidius' Regen – kommt ungelegen.

8. September: Auch der Tag von Mariä Geburt ist für den Bauern als Merktag wichtig.

Wird Marien Geburt gesät,
ist's nicht zu früh und nicht zu spät.

Wenn Maria, die Jungfrau, geboren ist,
so säe dein Korn, 's ist die rechte Frist.

Maria gebor'n – Bauer sä Weiz'n und Korn!

Aus der Schwalben Verhalten schloß man an diesem Tag auf das spätere Wetter:

Um Mariä Geburt
fliegen die Schwalben furt;
bleiben sie noch da,
ist der Winter nicht nah.

Eine weitere Beobachtung bezog sich auf Tiere:

Kommen die Raupen zu Mariä Geburt in den Kohl,
so sterben sie gleich nachher wie toll.

9. September: St. Gorgon scheint auf die Bauern einen recht schlechten Eindruck gemacht zu haben – denn:

St. Gorgon – treibt die Lerchen davon.

Besonders häufig muß dieser 8. September verregnet gewesen sein.

Regnet's am St. Gorgonstag,
geht die Ernte verloren bis auf den Sack.

17. September: Im Münsterland wird der Lambertustag als Laternenfest begangen. Zum Festefeiern ist der Landwirt an diesem Tag freilich kaum aufgelegt:

Lamberti nimm Kartoffeln heraus,
doch breite ihr Kraut auf dem Felde aus;
der Boden will für seine Gaben
doch ihr Gerippe wieder haben.

Zugleich ist mit dem Lambertustag eine langfristige Wettervorhersage verbunden:

Trocken wird das Frühjahr sein,
ist St. Lambert klar und rein.

21. September: An der Wende zum Herbst, am Matthäustag, ist die Ernte meist vorbei:

Tritt Matthäus ein, muß die Saat beendet sein.

Matthäus macht Tag und Nacht gleich, und der Honig fließt nicht mehr:

Matthäus packt die Bienen ein.

Wenn das Wetter an diesem Tag besonders schön war, hieß es schon vor Jahrhunderten:

Matthies – macht die Birnen süß.

Und für den Winzer stand dann in Umwandlung dieses Spruches fest:

Matthies – macht die Trauben süß.

Ist an Matthäus Sonnenschein,
gibt es nächstes Jahr viel Wein.

Aber der Winzer wußte auch, wenn sich die Sonne hinter dicken Regenwolken verbarg:

Wenn Matthäus weint statt lacht,
aus dem Wein er Essig macht.

Die nächsten beiden Wetterregeln fußen ebenfalls auf jahrhundertelangen Beobachtungen am Matthäustag:

Hat Matthäus schön' Wetter im Haus,
so hält es noch vier Wochen aus.

Tritt Matthäus stürmisch ein,
wird's bis Ostern Winter sein.

29. September: Der Erzengel Michael ist Schutzpatron der Deutschen („der deutsche Michel"). Für die Bauern gilt sein Tag als letzter Sommertag, obwohl er kalendermäßig schon im Herbst liegt. Für Knechte und Mägde war er vielfach der Schlenggelentag. In manchen Gegenden nannte man ihn auch den Truhentag, weil das Gesinde mit Kasten und Truhen aus dem einen Bauernhaus ins andere umzog.
Ob er deshalb in Süddeutschland zu den 42 „verworfenen" Tagen gehörte, kann man heute nicht mehr feststellen, zumal er dort eher ein Feiertag war. Im Alpengebiet ist er der Haupttag des Almabtriebs, der „Almkirta", bei der das Rindvieh, mit Bändern, Blumen und Grün festlich geschmückt und mit Glocken behangen, in die Täler abgetrieben wird. Einen besonders schönen Kopfaufsatz trägt dabei der Leitstier der Herde.
Die Tage werden nun kürzer, und der Abend dunkelt früh:

Der Michel zündt's Licht an.

Früher entzündete man am 29. September auf den Höhen das Herbstfeuer. In Bayern, Schwaben und Sachsen, aber auch in Österreich wurde der „Lichtbraten" verspeist, mit dem der Bauer und sein Gesinde Abschied nahmen von der lichtvollen Zeit des Sommers, die sie soviel Mühe und Arbeit gekostet hatte. Vom Michaelistag heißt es auch:

Michel steckt das Licht an;
das Gesind' muß zum Spinnen heran.

Der Micheltag war in einigen Gegenden, wie der Martinstag (11. 11.) in anderen, Beginn der bäuerlichen Spinnstube. An

Tagen, an denen es wegen der Witterung draußen nichts mehr zu tun gab, vor allem aber an den Abenden, setzten sich die Frauen und Mädchen zusammen und ließen die Spinnräder surren. Man verarbeitete Flachs und Wolle, die angefallen waren. Die Mutter sorgte mit den Mägden für das Heiratsgut der Töchter. Noch heute weist manche Bäuerin uraltes, selbstgesponnenes Linnen in ihrer Schatztruhe vor, das Jahrzehnte und manchmal sogar Jahrhunderte überdauerte. In der Spinnstube muß es manchmal lustig zugegangen sein. Man erfand für sie eigene Lieder wie etwa:

Elisabeth Lüpkes-Franck, Astern

Spinn, spinn, spinn, Tochter mein,
morgen kommt der Freier dein.

Natürlich kamen auch Männer zum abendlichen Spinnstubentreff, und die Burschen und Mädel lernten dort beim fröhlichen Treiben die ersten Tanzschritte. In der Rockenstube, wie die Spinnstube auch genannt wurde, blühte der Dorfklatsch:

Was das ganze Jahr verschwiegen bleibt,
kommt auf in der heiligen Rockenzeit.

W. G. F. Hasemann
Schwarzwälder Spinnstube

Pieter Brueghel d.Ä.
(um 1528–1569)
Hochzeitstanz im Freien

Im Fleming, einem mit Kiefern und Heide bestandenen Höhenrücken nördlich der Elbe, und ihrem Nebenfluß, der Schwarzen Elster, nahm der Bauernbursch die Kunkel oder den Spinnrocken, so heißt das Fasergut am Spinnrad, seinem Mädchen weg. Der Rocken konnte nur mit einem Kuß wieder ausgelöst werden. Solches Treiben galt nicht nur als Liebeserklärung, sondern als handfester Heiratsantrag.
In derselben Gegend knotete die heiratsfähige Jungfer, die sich zwischen zwei Männern nicht entscheiden konnte, eine Strähne Flachs in der Mitte und zündete gleichzeitig die beiden Enden an, wobei sie in Gedanken jedem der beiden Burschen ein Ende zuwies. Wessen Feuer zuerst beim Flachsknoten ankam, der sollte der Auserwählte sein.
In Hessen wurden einem Gänserich die Augen verbunden, dann ließ man ihn in der Spinnstube unter den im Kreise sitzenden Mädchen umherlaufen. Unter deren Stuhl der Gänserich sich niederließ, die sollte die erste sein, die heiratete. In anderen Gegenden war es ein Kater, der „blinde Kuh" in der Rockenstube spielen mußte.
An diesem Tag muß der Bauer noch allerhand besorgen:

Auf St. Michael beende die Saat,
sonst wirst' du's bereuen zu spat.

An Michaeli kauft man gut Vieh.
Doch den Verkauf brich nicht übers Knie.

Der 29. September scheint für viele Großeinkaufstag zu sein:

Zu Michael ist alles feil.

Als Lostag gleicht er St. Matthäus:

Regnet es an Michaeli ohne Witter,
so folgt meist ein milder Winter;
ist es aber an diesem
und an Gallus (16. 10.) trocken,
so darf man auf ein gutes
und trockenes Frühjahr hoffen.

Auf nassen Micheltag
nasser Herbst folgen mag.

Soviel Reif und Schnee vor Michaelis fällt,
solange das Eis nach Georgi (24. 4.) hält.

Regnet's sanft am Michelstag, folgt ein milder Winter nach.

Michael mit Nord und Ost deutet auf 'nen scharfen Frost.

Am Michaelistag beginnt die Heizperiode auf dem Bauernhof:

Michaele heizen vele.
Galle (Gallus 16. 10.) – alle!

Eine Losregel des Micheltages bezieht sich auf die Eichel:

Wenn Michael viel Eicheln bringt,
Weihnachten die Felder mit Schnee dann düngt.

Jan Brueghel d.Ä. (1568–1625)
Blumenstrauß

Aber man beobachtete früher auch die Auswüchse an den Blättern, Knospen und Früchten der Eiche, die sogenannten Eich- oder Galläpfel, die durch Gallwespen hervorgerufen werden und zur Gewinnung von Gerbsäure und sogar Tinte dienten. Von diesen mehr oder weniger kugligen Auswüchsen handelt das nachfolgende Lostagsgedicht:

Willst du sehen, wie das Jahr geraten soll,
so merke folgende Lehre gar wohl:
Nimm wahr der Eichäpfel Michaelistag,
an welchen man das Jahr erkennen mag:
Haben sie Spinnen, so folgt kein gutes Jahr;
haben sie Fliegen, so zeigt's ein Mitteljahr fürwahr;
haben sie Maden, so wird das Jahr gut;
ist nichts drin, so hält der Tod die Hut.

SEGENSREICHER FRÜHER HERBST

2. Oktober: Ein früher Herbst ist für die Bauern das sichere Zeichen, daß der nächste Sommer viel Frucht tragen wird. An Leodegar heißt es darum:

Laubfall an Leodegar kündet an ein fruchtbar Jahr.

9. Oktober: Der französische Landesheilige Dionysius ist einer der 14 Nothelfer. An seinem Namensfest betrachtet man auf dem Lande ängstlich den Himmel:

Regnet es an St. Dionys, wird der Winter naß gewiß.

15. Oktober: Der Namenstag der glaubensstarken schlesischen Fürstin Hedwig, die Hofleben und Reichtum verschmähte, um sich Anfang des 13. Jahrhunderts ganz der Frömmigkeit und Nächstenliebe zu widmen, wird in Lostagsregeln in einem Atemzug mit dem folgenden Gallustag genannt:

Hedwig und Galle
machen das schöne Wetter alle.

St. Hedwig und St. Gall'
schweigt der Vögel Schall.

Aber man weiß auch Positives vom Hedwigstag zu berichten:

Hedwige – gibt Zucker in die Rübe.

16. Oktober: Die Bauern haben am Gallustag eine Menge zu tun:

Auf den Tag St. Gallus
die Weidekuh in den Stall muß,
und der Apfel in den Sack muß.

St. Gall' ernt' die Rüben all.

Wenn Gallus kommt, hau ab den Kohl,
er schmeckt im Winter trefflich wohl.

An St. Gall' flieg auf den Berg und sä' im Tal.

Eine kleine Warnung wird freilich auch angefügt:

In der Galluswoche darf
kein Roggen gesäet werden.

Wer gern einen trockenen Wein trinkt, der erntet die Trauben Mitte Oktober:

Galliwein – Sauerwein,
Galliwein – Bauerwein.

Wer einen großen Garten besitzt, der sollte daran denken:

Jan van Huysum (1682–1749)
Früchte, Blumen und Insekten

Auf St. Gallustag
nichts mehr draußen bleiben mag.

Vor St. Gallus muß das Gartenwerk im Keller sein,
daß es im nächsten Jahr, ehe der Kuckuck schreit,
bringt Samen ein.

An der Wetterwende um St. Gallus wurde einst auch das Los über die Zukunft geworfen:

Ist St. Gall' trocken,
so folgt ein Sommer mit nassen Socken.

Wenn St. Gallus Regen fällt,
der Regen sich bis Weihnachten hält.

Im Alpengebiet fällt Mitte Oktober manchmal sogar der erste Schnee:

St. Gallen – läßt den Schnee fallen.

18. Oktober: Bis St. Lukas muß das Korn in der Erde sein, aber für den Roggen ist gerade die rechte Zeit:

Am St. Lukastag soll das Korn
schon in die Stoppeln gesät sein.

Wer um St. Lukas Roggen streut,
es nicht in nächster Ernt' bereut.

Obwohl sich der Bauer freut, wenn er bei trockenem Wetter arbeiten kann, hält er einen milden Lukastag für den Vorboten eines harten Winters:

Ist St. Lukas mild und warm,
kommt ein Winter, daß Gott erbarm'.

Ludwig Richter (1803–1884)
Der Winter ist ein rechter Mann

Ludwig Richter (1803–1884)
Erntetanz

21. Oktober: Bis zum Ursulatag soll die Ernte eingebracht sein. Schließlich steht dann die kalte Jahreszeit hart vor der Tür.

Ursula räumt's Kraut rein,
sonst schneit's drein.

St. Ursulas Beginn
zeigt auf den Winter hin.

28. Oktober: Recht gefürchtet ist der Tag von Simon und Judas. Er bringt meist die erste winterliche Kälte.

Simon und Judä
hängt an die Stauden Schnee.

Simon und Juda, die zwei
führen oft Schnee herbei.

Wenn Simon und Judas vorbei,
ist der Weg dem Winter frei;
es sitzen auch die heiligen Herrn
am warmen Kachelofen gern.

SANKT MARTINS MANTEL

1. November: Der letzte Reim weist schon auf den Allerheiligentag hin, der sehr früh von den Christen als Totentag gefeiert wurde. Noch heute deckt man am 1. November die Gräber mit Tannenreisig ab und schmückt sie mit Blumen und Windlichtern, die an das Ewige Licht erinnern sollen. Ein altes Kalendergedicht rät an diesem Lostag:

An Allerheiligen geh' in den Wald,
nimm von der Birke einen Span,
und da siehst du es ihm gleich an,

ob der Winter warm ist oder kalt:
Ist der Span trucken,
wird ein warmer Winter anrucken;
aber ist er naß genommen,
wird ein kalter Winter kommen.

Meist liegt der Altweibersommer Anfang November in den letzten Zügen.

Der Altweibersommer tut nicht lang gut,
und steht er auch in aller Heiligen Hut.

Allerheiligen bringt Sommer für alte Weiber,
der ist des Sommers letzter Vertreiber.

Schnee an Allerheiligentag
selten lange liegen mag.

An Allerheiligen Sonnenschein,
tritt der Nachsommer ein.

Man traute von jeher dem Allerheiligenwetter nicht so recht:

Wenn's zu Allerheiligen schneit,
dann lege deinen Pelz bereit.
Regnet's aber an diesem Tag,
viel Schnee im Winter kommen mag.

Allerheiligen Reif
macht die Weihnacht starr und steif.

6. November: Am Leonharditag finden in Bayern Umritte statt, bei denen die Pferde gesegnet werden. Berühmt ist die Tölzer Leonhardi-Fahrt.

Nach der vielen Arbeit Schwere
an Leonhardi die Rösser ehre.

11. November: Bevor St. Martin Bischof von Tours wurde, als der er Frankreichs Nationalsheiliger ist, war er römisch-heidnischer Soldat, der das Herz am rechten Fleck hatte. So gab er einmal einem am Wege frierenden Bettler die Hälfte seines Mantels ab. Und an diese Mantelteilung erinnern die vielen Lichterumzüge am Vorabend des Martinstags: Hinter dem bärtigen Ritter zu Pferde und dem ärmlichen Bettler zu Fuß marschieren die Kinder mit bunten Laternen, die sie oft selbst gebastelt haben. Sie singen „Laterne, Laterne, Sonne, Mond und Sterne" oder „St. Martin, St. Martin, St. Martin war ein frommer Mann".
Und wenn sich dann der Zug verläuft, gehen die kleinen Laternenträger zum Beispiel am Niederrhein heute noch von Haus zu Haus und machen es wie der Bettler, dem St. Martin die Hälfte seines Mantels schenkte. Freilich erwarten sie von ihren Spendern etwas anderes – Äpfel, Nüsse und lauter süße Sachen! Ihr Gesang ist fordernd:

Krimmer nix vom Mätesmann,
hau mer in die Kokespann'!
Hier wohnt ein reicher Mann,
der uns vieles geben kann,
vieles soll er geben,
lange soll er leben,
selig soll er sterben,
das Himmelreich erwerben.

Wenn ihnen aber ärgerlich die Tür gewiesen wird, und sie mit nichts davontraben müssen, dann singen die kleinen rheinischen Laternenträger von dem Haus, in dem ein Geizkragen wohnt:

Dat Huus, dat steht op enem Pinn,
der Gizzhals wönnt in d'r Midde drin!

In der Pfalz kennt man den Pelzmärtel, der den Kindern kleine Geschenke bringt und gewissermaßen der Vorbote von St. Nikolaus, Knecht Ruprecht und dem Weihnachtsmann ist.

Im Rheinland ist ein typisches Gebäck des Martinstags der Weckmann mit einer kleinen eingebackenen Tonpfeife. In Westfalen kennt man vielfach heute noch die kleinen Martinshörnchen, von denen man im Mittelalter behauptete, sie könnten den „bösen Blick" bannen, wenn man sie essen würde.

In einigen protestantischen Gegenden wurde der Martinstag auf den 10. November vorverlegt, dem Geburtstag von Martin Luther. Auch dort wird der alte Brauch hochgehalten, die Verse hat man einfach umgedichtet. Man singt zum Beispiel in Ostfriesland:

Als Martin noch ein Knabe war,
hat er gesungen manches Jahr
vor fremder Leute Türen.
Er sang so schön, er sang so zart,
so ganz nach frommer Kinder Art,
es konnt' ein Herz wohl rühren.

Naumburger Meister um 1240
Der heilige Martin mit dem Bettler

Schlachten im Herbst

Albrecht Dürer (1471–1528)
Das Käuzlein

Den ersten fertigen Wein, der freilich noch recht sauer ist, zapft der Winzer um Martini.

Kehrt Martin ein, ist jeder Most schon Wein.

Martiniwein – saurer Wein.

Oft ist am Martinstag Schlachttag. Meist muß auch die Martinsgans dran glauben:

Am Martinstag beißt jung und alt
den Gänsebraten warm und kalt.

Und aus diesem Braten konnte man nach altem Volksglauben sogar auf das Wetter schließen:

Ist die Martinsgans am Brustbein braun,
wird man mehr Schnee als Kälte schau'n;
ist sie aber weiß,
so kommt weniger Schnee als Eis.

Man mag daran glauben oder nicht – jedenfalls ist der Martinstag einer der wichtigsten Lostage des Jahres, von dem man auf das spätere Wetter schließen kann.

Anton Bürger (1824–1905)
Winterliche Dorfstraße im Taunus

Wolken am Martinstag
der Winter unbeständig werden mag.

St. Martin trüb
macht den Winter lind und lieb;
ist er aber hell,
macht er Eis gar schnell.

Ist um St. Martin der Baum schon kahl,
macht der Winter keine Qual.

Wenn das Laub nicht vor Martini abfällt,
sich ein harter Winter lange hält.

An Martini Sonnenschein –
tritt ein kalter Winter ein.

Wenn um Martini Nebel sind,
so wird der Winter meist gelind;
zieht die Spinne ins Gemach,
kommt ihr gleich der Winter nach;
hecken die Hühner in den Ecken,
kommt der Winter mit Frost und Schrecken.

Und ein Spruch erinnert an den ersten Schnee, der in Norddeutschland an St. Martin fallen kann:

St. Martin kommt nach alten Sitten,
gern auf dem Schimmel angeritten.

In vielen Gegenden mußte der Bauer in der ersten Novemberhälfte tief in die Tasche greifen, um das Personal zu entlohnen oder den Grundzins zu bezahlen.

In die Woche auf St. Martin
fallen in der Regel Zahltermin'.

Martin ist der Grundzinstag,
drum nimm das Geld auch aus dem Sack.

Er mußte auch viel Holz vor der Hütte haben, denn nun wurde es draußen ungemütlich kalt. Schließlich durften die fleißigen Spinnerinnen und Weberinnen drinnen in der Stube nicht frieren:

St. Martin
macht Feuer im Kamin,
dann, oh Mädel,
greif zum Rädel.

25. November: Um die Zeit von St. Kathrein (Katharina) wintert's gerne ein:

Wie St. Kathrein wird's auch an Neujahr sein.

Wie es um Katharina, trüb oder rein,
so wird auch der nächste Februar sein.

Der Bauer weiß zwar: „Die heilige Katharina kommt weiß gekleidet", aber so ganz gern hat er das nicht:

St. Katharinenschnee tut dem Kohl und Samen weh.

Der Besuch des Herrn Lehrers, nach einem Gemälde von H. Plathner, 1869

Pieter Aersten (1508–1575)
Die fette Küche

30. November: Wie am Martinstag fanden auch am Andreastag früher sogenannte Heische-Umzüge (heischen allemanisch = betteln) statt. In Thüringen sang dann das Kind:

Ich bin der kleine Andreas,
liebe Leute schenkt mir was!

Und wer nichts erheischt hatte, der hängte dann in der Nacht seine Strümpfe aus dem Fenster und hoffte, daß sie Andreas oder Knecht Ruprecht mit Süßigkeiten füllte.
Übrigens aßen die Mädchen am Andreastag gern einen Hering, weil sie glaubten, daß ihnen dann der zukünftige Liebste im Traum erscheinen würde.
In Kärnten trat das junge Mädchen nach dem Bettpfosten und sprach dabei den Vers:

Bettstattel i tritt di,
heiliger Andreas i bitt di,
laß mir bei der Nacht erscheinen,
den Herzallerliebsten, den meinen.

Es ist freilich nicht überliefert, ob in allen Fällen der Freier im Traum erschien, aber in Kärnten kennt man ja auch das Fensterln...
Die Liebesorakel, die zu St. Andreas gestellt werden, sind im übrigen denen der Neujahrsnacht ähnlich.
In einer Lostagsregel heißt es:

Schau in der Andreasnacht,
was für Gesicht das Wetter macht:
So wie es ausschaut, glaub's fürwahr,
bringt's gutes oder schlechtes Jahr.

Und wenn es gar am 30. November schneit, dann heißt das:

Andreasschnee bleibt hundert Tage liegen.

BARBARAS BLÜTEN UND NIKOLAUS' GABEN

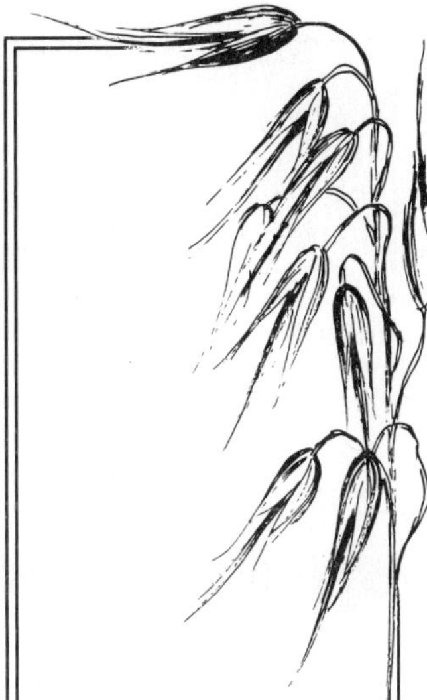

4. Dezember: Als sicheres Liebesorakel galt es, wenn Zweige, die in der Barbaranacht von Apfel-, Kirsch-, Kastanien-, Pflaumen-, Haselnuß- oder Mandelbäumen geschnitten und in einen geheizten Raum gestellt wurden, am Weihnachtstag erblühten:

St. Barbara soll Blütenknospen zeigen.

In Bayern galt das Orakel, wenn das heiratswillige Mädchen nackt oder nur mit einem Hemd bekleidet in den Garten schlich und die Zweige brach. In Schlesien wurden für mehrere in Augenschein genommene Freier Zweige von verschiedenen Blütensträuchern geschnitten; der, dessen Zweig zuerst erblühte, war dann der Heiratskandidat.
Übrigens ist nur eine Wetterregel vom Barbaratag bekannt:

Auf Barbara die Sonne weicht,
auf Luzia (13. 12.) sie wieder herschleicht.

6. Dezember: In der Nacht zum Nikolaustag werden noch heute die Kinder mit Süßigkeiten beschenkt, wenn sie Schuhe vor ihrem Zimmer aufstellen. Oft treten Sankt Nikolaus, Knecht Rupprecht oder beide zusammen leibhaftig vor die Kinderschar und zählen deren Sünden auf. Und die ganz Bösen bekommen sogar die Rute zu spüren. In der Aachener Gegend sagt man darum:

Zent'r Kloos, dä määt d'r de Botz moos.

Und das bedeutet nichts anderes, als daß St. Klaus mit seinen Rutenschlägen die Hose (Botz) dem Kind wieder passend macht. Auch Wetterregeln kennt der Nikolaustag:

Regnet's an St. Nikolaus,
wird der Winter streng und graus.

Steinbock

Wassermann

Fische

13. Dezember: Der Luziatag spielt im vorweihnachtlichen Brauchtum Schwedens eine Rolle, wo die schönsten Mädchen zur Luziabraut gewählt werden. Mit einem Lichterkranz geschmückt, verteilen sie nicht nur Geschenke, sondern bringen im übertragenen Sinn auch jedem das Licht in die dunkelste Winternacht.

Kommt die heilige Luzia – findet sie schon Kälte da.

Wenn Luziä die Gans geht im Dreck,
so geht sie am Christtag auf Eis.

21. Dezember: Der Gedenktag an den ungläubigen Thomas ist zugleich der kürzeste Tag des Jahres:

Am Thomastag wächst
der Tag um einen Hahnenschritt.

Auch an diesem Tag befragte man das Liebesorakel, und in Böhmen schüttelte das heiratswillige Mädchen dann einen Zwetschgenbaum und sprach dazu:

Zwetschgenbaum, ich schüttl di.
Wo wird a Hunderl bell'n,
wird si mei Liebster mell'n.

In der auf den Thomastag folgenden längsten Nacht des Jahres blühte allerorten der Aberglaube. Man fürchtete sich vor bösen Geistern und Gespenstern. Und vor lauter Angst machte man vor Jahrzehnten in Böhmen und Thüringen Nachtschicht in der Spinnstube, um nicht von bösen Träumen oder gar von leibhaftigen Butzemännern heimgesucht zu werden.
Positiv dagegen klingt die Wetterregel für den Thomastag:

Wenn St. Thomas dunkel war,
gibt's ein schönes neues Jahr.

24. Dezember: Der Heilige Abend ist zugleich Namenstag von Adam und Eva. An diesem Tag galt in rheinischen Dörfern die Regel, daß man, in Erinnerung an den Sündenfall, keine Äpfel essen durfte. In anderen Gegenden machte man die Ausnahme bei Bratäpfeln, die man zur Heiligen Nacht in der Röhre schmurgelte. Und die Wetterkundigen wußten zu berichten:

Widder

Ist's in der Heiligen Nacht hell und klar,
so gibt's ein segenreiches Jahr.

Wie's Adam und Eva spend't,
bleibt das Wetter bis zum (Jahres-)End'.

Stier

25. Dezember: Das Weihnachtsfest als Feier der Geburt Christi wurde nachweisbar erstmals am 25. Dezember 354 gefeiert, als Gegenstück zu dem heidnischen Fest des „Unbesiegten Sonnengottes", der germanischen Wintersonnenwendfeier. Bäuerliches Weihnachtsbrauchtum hat sich bis auf den heutigen Tag erhalten. Schön geschnitzte Krippen in den Kirchen und daheim erinnern daran. Schon in vergangenen Jahrhunderten wurden die Stuben mit Tannenzweigen geschmückt, an denen Äpfel und Leckereien für die Kinder hingen.

Zwillinge

Im Schwäbischen dürfte es auch der Buchsbaum gewesen sein, den man schmückte, zumal man in einigen Dörfern noch heute vom Buchsbaum spricht, wenn man den Weihnachtsbaum meint.
Im Fränkischen war der Weihnachtsbaum meist eine Fichte. In Ostbayern, im Erzgebirge und teilweise auch in Schlesien wurde der Baum durch eine Weihnachtspyramide ersetzt, über der sich ein Flügelrad drehte, wenn die darunter stehenden Kerzen angezündet wurden. Bis einschließlich Weihnachten lebte man recht gut, was drei alte Bauernsprüche beweisen:

Nach Weihnachten kommt Fasten.

Krebs

Löwe

Jungfrau

Bis Weihnacht juchhe,
nach Weihnacht oweh.

Bis Weihnachten gibt es Speck und Brot,
nachher kommt Kält' und Not.

Schon im Mittelalter beschenkte man zu Weihnachten vor allem die Kinder. Freilich fielen die Geschenke nicht so üppig aus wie heute, wo der Gabentisch oft schier überquellen will. Niemals aber vergaß der Bauer, auch sein Vieh zu bescheren: Es bekam ein extra Fuder Heu.
Hier noch einige Lostagsregeln, die sich auf Weihnachten beziehen:

Steckt die Krähe zu Weihnacht im Klee,
sitzt sie zu Ostern oft im Schnee.

Hängt zur Weihnacht Eis von den Weiden,
kannst du zu Ostern Palmen schneiden.

Je dicker das Eis um Weihnacht liegt,
je zeitiger der Bauer Frühling kriegt.

Wenn Christkindlein Regen weint,
vier Wochen keine Sonne scheint.

Ist's windig in den Weihnachtstagen,
sollen die Bäume viel Früchte tragen.

Wenn's auf Weihnacht ist gelind,
sich noch viele Kält' einfindt.

Vom Eise eine Brücke muß
zu Weihnacht haben Bach und Fluß.

Besser, die Weihnachten knistern,
als daß sie flüstern.

So ganz unrecht hat auch die viel angefeindete Lostagsregel

Grüne Weihnachten – weiße Ostern

nicht. Tatsächlich mögen viele wetterkundige Bauern und Schäfer das so beobachtet haben, bleibt doch ein Weihnachtsfest ohne Schnee, dem ein weißes Osterfest folgt, eher in der Erinnerung, weil es etwas Absonderliches ist...

Waage

Skorpion

Schütze

DIE ZWÖLF RAUHNÄCHTE

Die zwölf heiligen Nächte, auch Rauhnächte genannt, liegen zwischen dem 25. Dezember und dem 6. Januar, dem Tag der Heiligen Drei Könige. Diese Nächte waren schon bei den Germanen bekannt, die glaubten, das Geisterreich sei dann offen, die Seelen der Verstorbenen hätten Ausgang und zögen mit den Dämonen als Wotans „wilde Jagd" durch das nächtliche Land.
Recht vorsichtig wollen wir mit der Wetterregel von den zwölf Rauhnächten nach Weihnachten sein:

Wie sich die Witterung vom Christtag
bis Heiligdreikönig verhält,
so ist das ganze Jahr bestellt.

Nach dieser Regel sollen die zwölf Nächte das Wetter des neuen Jahres von Januar bis Dezember vorhersagen.
In diesem Zusammenhang gab ein weiser Bauer vor Jahrhunderten seinen Kindern diesen gereimten Rat:

Von Weihnachten bis Dreikönigstag
aufs Wetter man wohl achten mag.
Ist's regen-, nebel-, wolkenvoll,
viel Krankheit es erzeugen soll.
Leb' mit Vernunft und Mäßigkeit,
bist du vor allem Wetter gefeit.

Übrigens hieß es, was man in diesen zwölf Nächten träume, ginge ganz bestimmt in Erfüllung. Wer traumlos war, der stand also gewissermaßen vor dem Nichts.

26. Dezember: In manchen Gegenden werden am Stephanstag Honigkuchen-Pflastersteine gebacken. Sie sollen an den ersten Märtyrer der christlichen Kirche erinnern, der in Jerusalem gesteinigt wurde. Schon im Mittelalter feierte man auf dem Lande diesen Tag als zweiten Weihnachtstag – denn:

Stephanstag kennt keine Plag'.

Da hatte der Bauer auch Zeit genug, aufs Wetter zu achten:

Scheint am Stephanstag die Sonne,
so gerät der Flachs zur Wonne.

Am Stephanstag muß es windstill sein,
sonst fällt die Hoffnung auf den Wein.

31. Dezember: Zu Silvester mußte man mittags eine Erbsensuppe essen, sie sollte Reichtum und Segen im neuen Jahr bringen. Das Brauchtum in der Silvesternacht haben wir bereits unter dem 1. Januar abgehandelt. Lassen wir nur noch eine Lostagsregel folgen, die sich auf die letzten Stunden des Jahres bezieht:

Wind in St. Silvesters Nacht,
hat nie Wein und Korn gebracht.

HARTE ARBEIT – FROHE FESTE

Auf harte Arbeit folgen fröhliche Feste. Schon der Römer Tacitus berichtet im vierzigsten Kapitel seiner „Germania" vom Umzug der Frühlingsgöttin, die er Nerthus nennt. Man feierte auf dem Lande mit Gesang und Tanz den Ausgang des Winters. Dieser Brauch hat sich bis in unsere Tage erhalten. Der Winter ist dem Wonnemond gewichen. Wer wollte da nicht fröhlich sein?

Im Mittelalter wurden die Frühlingsfeiern der Landbevölkerung vielfach als Überbleibsel des Heidentums verdammt. So soll im Jahre 1225 ein Pfarrer Johannes in Aachen den Maibaum, den das Volk umtanzte, mit eigener Hand umgehauen haben.

Dem Mönch Otfried, der um 790 in Weißenburg im Elsaß geboren wurde, waren die heidnischen Tanz- und Volkslie-

Pieter Brueghel d.Ä.
(um 1528–1569)
Bauerntanz

Hans Sebald Beham (1500–1550)
Bauernfreuden

der, die er laicorum cantus obscoenus (obszöner Gesang der Weltlichen) nannte, ein Dorn im Auge. Er forderte seine Landsleute auf, ihre alten Frühlingslieder gegen fromme und erbauliche Gesänge einzutauschen. Das scheint auch gelungen zu sein, denn keines der germanischen Lieder wurde überliefert.
Man kann nun nicht immer und zu jeder Gelegenheit Kirchengesang anstimmen. Überdies paßt der nicht zu lauter Fröhlichkeit bei Tanz und Wein. Bald kamen neue Lieder auf, die oft von höfischen Sängern unters Volk gebracht wurden und von der Liebe eines braven Rittersmanns zu einem reizenden Bauernmädchen sprachen.
Hauptvertreter der höfischen Dorfpoesie war Neidhart von Reuental, der aus Bayern stammte, dann aber ein Lehen in der Nähe von Wien erhielt.
Seine Reigen und Tänze, die er für die Landbevölkerung schrieb, waren sehr beliebt. Der Tanz wurde „getreten", der Reigen „gesprungen". Unter der Dorflinde hüpfte ein Vortänzer beim „Reien" den Paaren voran. Ein Vorsänger stimmte das Reigenlied an, und die Paare sangen den Refrain mit. Eine Geige sorgte dafür, daß man nicht aus dem Rhythmus kam. Im Winter fand der Tanz im Saale statt, entweder in einer großen Bauernstube oder einer Scheune, die man leergeräumt hatte, und dann sang man mit Neidhart von Reuental:

Rûmet ûz die schämel und die stüele!
heiz die schragen vürder tragen!
hiute sul wir tanzens werden müeder.
werfet ûf die stuben, so ist ez küele,
daz der wint
an diu kint
sanfte waeje durch die übermüeder.
sô die voretanzer danne swîgen,
sô sult ir alle sîn gebeten,
daz wir treten
aber ein hovetänzel nâch der gîgen.

Hans Sebald Beham (1500–1550)
Bauernfreuden

Hans Sebald Beham (1500–1550)
Bauernfreuden

Eine besonders schöne Übersetzung dieses Tanzliedes stammt von Bruno Obermann:

Räumet weg die Schemel und die Stühle!
Laßt die Schragen
seitwärts tragen!
Heute woll'n genug wir tanzen wieder.
Machet auf die Stube, dann wird's kühle,
daß der Wind
kann gelind
an die Mädchen wehen durch die Mieder.
Wenn die, die den Vortanz haben, schweigen,
bitt' ich euch alle dann,
tretet an
drauf zum höf'schen Tänzchen nach den Geigen.

Bei den Tänzen und Reigen trug man festtägliche Kleidung, Tracht, die so ähnlich auch heute noch von einem Teil der Landbevölkerung getragen wird.
Neidhart von Reuental ging in grobem Dorfdeutsch gegen die hohl gewordenen höfischen Formen an, spottete allerdings auch über die Bauern und deren Benehmen.
Im Mittelalter sahen die Ritter und Edlen, aber auch die Städter, naserümpfend dem Tun und Treiben der Landbevölkerung zu. An deren Festen jedoch nahm man bald Anteil.

DIE ZEIT DER MASKEN UND NARREN

Von den durch ein genaues Datum festgelegten Feiertagen sprachen wir schon. Hier nun sollen die beweglichen Feste folgen.
Beginnen wir mit der Fastnacht, die wir auch als Fasenacht, Fasnet oder Faschelnacht, niederdeutsch als Fastelawend und bayrisch-österreichisch als Fasching kennen. Die Sprachforscher sind sich nicht recht einig, ob die Fastnacht vom Fasten hergeleitet werden soll oder von faseln (im

Hans Sebald Beham (1500–1550)
Bauernfreuden

Hans Sebald Beham (1500–1550)
Bauernfreuden

Odenwald zum Beispiel nennt man den Tag vor Aschermittwoch Faselnacht).
Im Althochdeutschen bedeutete „faseln" gedeihen, die Fasnacht oder die Faselnacht war also eine Zeit, in der man für gutes Gedeihen sorgte. Erst viel später kannte man faseln als närrisches Daherreden. Allgemein glaubt man sicher zu sein, daß mit der Fastnacht, an der man närrisch faselt, der Vorabend des Beginns der vierzigtägigen vorösterlichen Fastenzeit gemeint war.
Die Fastnachtsbräuche gehen vielfach auf Frühlingsbräuche aus der vorchristlichen Zeit zurück. Man verkleidete sich, trug grauenerregende Masken, um Gespenstern, die in den Winternächten herumgeisterten, entgegenzutreten und sie endgültig zu verjagen. Dabei wurde mit Trommeln, Peitschen und Klappern viel Lärm gemacht. Entgegenkommende, vor allem Frauen, wurden mit Ruten oder mit Pritschen geschlagen und mit Wasser begossen. Hinter diesem Brauch steckte eigentlich nichts Bösartiges, sondern der alte germanische Glaube, daß ein Schlag mit der „Lebensrute" oder das Begießen mit Wasser Fruchtbarkeit bewirke.
Das Wichtigste an der Fastnacht war und ist das Essen. Da um diese Zeit meist für den Sommer geschlachtet wird, spielen die Metzelsuppe, gekochtes Schweinefleisch und Blutwürste beim Fastnachtsessen eine große Rolle. Man buk Fastnachtsküchlein und Pfannkuchen, um sich vor Beginn der langen Fastenzeit noch einmal so rundherum sattessen zu können.

Hans Sebald Beham (1500–1550)
Bauernfreuden

In der Fasten
leeren die Bauern Keller und Kasten.

Fastnacht braucht jeder
seine Pfanne selber.

Eine Gans, die Fastnacht erlebt hat,
taugt nichts mehr.

An dem lustigen Treiben fand man schließlich soviel Freude, daß man die fröhliche Zeit ausdehnte, schon am Fastnachtssonntag mit dem Feiern begann, was sicherlich nicht mit Rücksicht auf die Geistlichkeit geschah, deren erster Fastentag der Rosenmontag war.

Jedes Fasten hat drei Freßtage.

Seit sich aber die Städte des alten ländlichen Brauchs bemächtigten, wurde der Fasching gar auf den halben Winter ausgedehnt, wobei man am Rhein und im Süddeutschen die Vorfastenzeit besonders ausgiebig genießt. Auf dem Lande aber blieb es bei dem alten Spruch:

Hans Sebald Beham (1500–1550)
Bauernfreuden

Kurze Fastnacht – lange Fasten.

Obwohl die Fastnacht immer auf ein anderes Datum fällt, hatten die Wetterkundigen auch einige Wettersprüche parat, die wir hier mit allem Vorbehalt wiedergeben wollen:

Geht die Sonne am Fastnachtsdienstag frühe auf,
so gerät die Frühsaat, merk wohl darauf.

Hans Sebald Beham (1500–1550)
Bauernfreuden

Wenn an Fastnacht die Sonne scheint,
so kommt ein Winter nachgegreint.

Fastnachtsschnee – tut der Saat weh.

Der Eiszapfen um Fastnacht,
dem Flachs lange Zöpf' macht.

Gibt's in der Fastnacht viele Sterne,
dann legen die Hühner gerne.

Wenn die Mücken an Fastnacht geigen,
müssen sie über die ganzen Fasten schweigen.

DES BAUERN SCHLANKHEITSKUR

In der anschließenden Fastenzeit gab es nicht viel zum Feiern, dafür ging die Arbeit auf dem Felde weiter:

In den Fasten – mag der Pflug nicht rasten.

Das Fasten war gewissermaßen die Schlankheitskur des Bauern, wobei er aber dafür sorgte, daß er beim Essen genügend Ballaststoffe zu sich nahm:

Langes Fasten ist nicht Brot sparen.

Bis zum Osterfest lebte man sehr enthaltsam. Fleischkost und Eier waren verpönt, dagegen aß man sehr viel Fisch, was einen Sprüchemacher zu der Ausrede verleitete:

Pieter Brueghel d.Ä.
(um 1528–1569)
Das Schlaraffenland

In der Sintflut ist alles verdorben,
nur die Fische nicht,
darum dienen sie zum Fasten.

In den norddeutschen Küstengebieten bediente man sich der Fische, die für die karge Winterszeit getrocknet worden waren, weshalb es auch in einer norddeutschen Bauernregel heißt:

Keine Fasten ohne Stockfisch.

Wenn die Niederschläge in der vierzigtägigen Fastenzeit ausblieben, so schloß man auf ein gutes Jahr.

Trockene Fasten – füllen die Kasten.

Fasten ohne Regen verkünden ein Jahr mit viel Segen.

Sind die Fasten trocken,
gibt's reichliche Brocken;
ist aber feucht und faul der März,
bekommt der Bauer ein schweres Herz.

Die Fastenzeit endet mit der Karwoche, die am Palmsonntag beginnt. Dieser soll an das Palmenstreuen beim Einzug Christi in Jerusalem erinnern. In der evangelischen Kirche ist der Palmsonntag oft Konfirmationstag, an dem es hoch hergeht und an dem alles aufgetragen wird, was Küche und Keller zu bieten haben. Die Protestanten kennen ja das kirchliche Fastengebot nicht, für sie ist nur der Karfreitag ein von der Kirche verordneter Fastentag.
Am letzten Sonntag vor Ostern tragen in katholischen Gegenden Kinder Palmzweige zur Kirche, die der Priester dort weiht. Da in unseren Breiten keine Palmen wachsen, nimmt man dafür kleine Tannenbäumchen, die man mit Reisig, Buchs, Äpfeln, Eiern und buntem Tand schmückt, oder man funktioniert Weidenzweige zu Palmbesen um.

Hans Multscher (um 1400–1467)
Auferstehung Christi

In Norddeutschland wurden früher blühende Weidenzweige von den Eltern mit Gebäck und allerlei anderen Leckereien geschmückt. Man hing an solche Palmen auch kleine Brotkränze, die am folgenden Tag mit Milch zu einem Brei aufgeweicht wurden, der Gesundheit für die Kinder bringen sollte.
In der bayerischen Oberpfalz blieb früher der Bauer am Palmsonntag nüchtern, bis seine Familie und das Gesinde mit den geweihten Palmen aus der Kirche heimkehrten. Er nahm dann drei Palmkätzchen von dem geweihten Strauch und verschluckte sie. Das sollte Gesundheit bringen für alle, die in seinem Haus wohnten.
Besonders in Süddeutschland wurde bei den Prozessionen in vielen Orten der Palmesel mitgeführt, ein hölzerner Esel auf einem Rädergestell, den ein Priester oder ein Ministrant, später eine Holzfigur Christi ritt. Aus dem 13. bis 15. Jahrhundert sind künstlerisch bedeutende Beispiele dieses hölzernen Palmesels erhalten geblieben.
Sonnenschein am Palmsonntag soll ein gutes Zeichen sein:

Ist der Palmsonntag ein heiterer Tag,
für den Sommer ein gutes Zeichen sein mag.

Wenn's den Buben auf die Palmbesen schneit,
so regnet's den Jungfrau'n an Ostern auf die Kränze.

Kommen am Palmtage die Palmen trocken nach Haus,
so kommen die Garben trocken in die Scheuer.

Der Karfreitag, höchster Feiertag der evangelischen Kirche, wurde auf dem Dorfe früher still begangen. Die katholische Landbevölkerung arbeitete am Tag der Kreuzigung Christi wie an jedem Alltag. Im bäuerlichen Brauchtum spielt er keine Rolle, aber er galt als beweglicher Lostag:

Wie Christus ins Grab gelegt wird,
so steigt er auf.

Karfreitag Sonnenschein – bringt uns reiche Früchte ein.

Am Karfreitag trauert die Sonne
bis drei Uhr nachmittags.

Wenn am Karfreitag Regen war,
folgt trocknes, aber fruchtbar' Jahr.

Der einzige Karfreitagsspruch, der in Erfüllung gehen mußte, war wohl der, den sich ein alter Kalendermacher ausdachte:

Nach Karfreitag kommt Ostern.

Matthias Grünewald
(um 1460–1528)
Isenheimer Altar, Ausschnitt

DAS FRÜHLINGSFEST DER ALTEN GERMANEN

Ostern wird am Sonntag nach dem ersten Frühlingsvollmond, also zwischen 22. März und 25. April gefeiert. Nach diesem ältesten christlichen Fest, das der Auferstehung Christi geweiht ist, richten sich alle anderen beweglichen Feste des Kirchenjahres.
Schon seit Jahrtausenden wurden im Frühling auf den Höhen Feuer entzündet, mit denen man gewissermaßen den Winter verbrennen wollte. Die Osterfeuer sind also vorchristlichen Ursprungs.
Im Südharz rief man nach dem Nachmittagsgottesdienst am Ostersonntag: „Die Kirche ist aus, gebt's Osterholz raus!" Und dann sammelten die Kinder in allen Häusern Holz und Strohreste, altes Gerümpel, Besen oder auch längst vergessene Weihnachtsbäume. All das verbrannte man am Abend auf einem naheliegenden Berg. Pechfackeln an langen Stangen wurden in der Glut entzündet und durch die Luft geschwenkt. Bald sah man auf den Bergen anderer Gemeinden ebenfalls Osterfeuer aufsteigen, die von zahllosen Fackellichtern umschwärmt waren.
Und wenn das Osterfeuer ausgebrannt war, versäumte man es nicht, ein angekohltes Stück Holz mit nach Hause zu neh-

men und in die Trinkgefäße der Tiere im Stall zu stellen, um sie gesund zu erhalten. Die Asche des Osterfeuers aber wurde als segenbringender Dünger auf die umliegenden Felder verstreut.
Wenn am Karsamstag die Glocken, die am Kreuzigungstag stumm blieben, wieder läuteten, lief man schnell zu einem fließenden Wasser und wusch sich die Hände darin. Dann – so glaubten die Leute – bekämen sie während des ganzen Jahres keine Warzen.
Anderswo wurde das Osterwasser schweigend vor Sonnenaufgang geschöpft, man trank es, um gesund zu bleiben und schön zu werden.
Flurumritte am ersten Ostertag sollten der Frucht Kraft geben, wobei man mancherorts nicht vergaß, eine Jungfrau auf einen Schimmel zu setzen, die die Schar der Osterreiter anführte.

Im Mittelalter war es während der Fastenzeit verboten, Eier zu essen. Bis Ostern wurden die von den Hühnern gelegten Eier daher aufbewahrt. Der Überschuß wurde bald umfunktioniert: Ostereier sind seit 1553 nachgewiesen. Sie werden bis auf den heutigen Tag bunt angemalt oder geschmückt. Das Ei – so glaubt man – habe Lebenskeime in sich, die sich im Frühjahr auf den übertragen würden, der es aß.
Noch heute werden Ostereier im Garten versteckt, die dann die Kinder suchen müssen. Es gibt auch ein besonderes Spiel mit den buntbemalten Eiern: Man schlägt sie aneinander, und wessen Ei unbeschädigt bleibt, der bekommt das angeschlagene des Mitspielers.
Die Mär vom Osterhasen, der bunte Eier legt, wurde um 1682 bekannt. Noch älter ist der Hase mit eingebackenem Ei als Ostergebildbrot, offenbar eine Umbildung des Osterlamms, das noch heute von den Bäckern zum Osterfest gebacken wird.
Zwischen dem frühesten und dem spätesten Osterfest liegt ein ganzer Monat. Das sollte man bedenken, wenn man die alten bäuerlichen Wetterregeln für den Ostertag liest:

Wenn's am Ostertag auch regnet am wingsten,
so regnet's alle Sonntage bis Pfingsten.

Wenn auf Ostertag die Sonne hell scheint,
der Bauer bei seinem Korn auf dem Speicher weint;
ist Ostertag ähnlich der Nacht,
er sich ins Fäustchen lacht.

Osterregen bringt magere Kost,
Ostersonne fette und reichliche.

Wenn's Ostern regnet,
ist die Erde den ganzen Sommer über durstig.

Ein Wind, der von Ostern bis Pfingsten regiert,
im ganzen Jahr sich wenig verliert.

„Eierlesen", Osterbrauch in Württemberg

Der Regen auf einen Ostertag
mehr Regen denn schön Wetter sagt.
Vom Futter aber auf den Wiesen
kann's Vieh nicht allzuviel genießen.

Zielgenauer war da schon diese Regel:

Wenn Ostern auf Georgi fällt,
erwartet großes Weh' die Welt.

Und der Scherzbold behielt wie bei allen beweglichen Festen am Ende recht:

Mag der Wind blasen, wie er will –
Ostern kommt vor Ende April.

VON HIMMELFAHRT BIS PFINGSTEN

Der Tag Christi Himmelfahrt wird schon im 4. Jahrhundert erwähnt. Er wurde auf den 40. Tag nach Ostern gelegt. Wie an Ostern und am 1. Mai fanden an diesem Tag Flurumgänge und Umzüge statt. Man segnete die Felder und betete um gute Ernte.
In Schwaben und in der Schweiz werden vielfach auch heute noch an Himmelfahrt zum Schutz vor dem Blitz Kränze mit vielerlei Kräutern in den Ställen aufgehängt.
Da man bis zu diesem Tag dem Wetter nie so recht traute, zog man sich bis dahin noch warm an:

Ein Bauer nach der alten Art,
trägt seinen Pelz bis Himmelfahrt,
und tut ihm dann der Bauch noch weh,
so trägt er 'n auch bis Bartholomä (24. 8.).

Und die Wetterkundigen hatten an Himmelfahrtstagen einiges beobachtet, was sie zur Regel erhoben:

Scheint auf Himmelfahrt die Sonne,
bringt der Herbst uns große Wonne.

Um Himmelfahrt kommen die Gewitter zurück.

Sechs Wochen nach Ostern feiern wir Pfingsten, das Fest der Herabkunft des Heiligen Geistes. Dieses Fest ist seit dem 3. Jahrhundert bezeugt. Die Bräuche an diesem christlichen Feiertag ähneln im allgemeinen denen des 1. Mai.
Auch am ersten Pfingsttag finden Flurumritte statt, und in vielen Dörfern ist Schützenfest, wo König wird, wer den Vogel abschießt.
Manchmal wird ein reichgeschmückter Pfingstochse durch die Straßen zum Festplatz geführt, wo er sein Leben lassen muß, um am Spieß gebraten zu werden.
Für viele war Pfingsten der schönste Festtag, aber nur, wenn er schönes Wetter brachte, denn:

Regnet's am Pfingsttag – so bringt's alle Plag'.

Wenn's an Pfingsten regnet, wird keine Frucht gesegnet.

Wenn wir Regen an Pfingsten bekommen,
wird uns die ganze Ernte genommen.

Helle Pfingsten – dürre Weihnachten.

Seit 1246 wird am zweiten Donnerstag nach Pfingsten in katholischen Gegenden das Fronleichnamsfest mit feierlichen Prozessionen zur Huldigung des in der Monstranz mitgetragenen eucharistischen Gottes begangen. Auch an diesem Tag wurden die Fluren gesegnet.

Fronleichnamstag – Gott die Fluren segnen mag.

Zu den Fronleichnamsprozessionen schmückt man die Straßen und Häuser mit Birken und Birkenzweigen. Dieser

Brauch geht auf ein altes Zauberschutzmittel zurück: In der Pfingstzeit galt der Birkenschmuck an Häusern und Ställen als sicheres Mittel, um böse Mächte abzulenken. Es hieß, eine Hexe müßte, bevor sie nächtlicherweise ins Haus gelangen könnte, erst jedes einzelne Blättchen am „Sommern" oder „Maien" zählen. Diese langwierige Zählerei aber dauere so lange, daß der böse Geist die ganze Nacht dazu brauchen würde; vom Tag überrascht, sei der Hexe Zauber unwirksam.
Wie an allen beweglichen Festen stellte man auch für den Fronleichnamstag langfristige Wetterformeln auf, die mehr Aberglaube, als meteorologische Weisheit beinhalten:

Fronleichnam schön und klar
sagt an ein gutes Jahr.

Corporis Christi schön und klar –
guter Wein in diesem Jahr.

Fällt auf die Fronleichnamsprozession Regen,
so regnet's vierzig Tage allerwegen.

FRUCHTBARKEITS-ZAUBER

Schon im Altertum wurde die Einbringung der Ernte mit überschäumenden Festen gefeiert. Viele alte Bräuche übernahm die christliche Kirche und wandelte sie in ihrem Sinne um. Das Erntedankfest wird, je nach Landschaft, von den Katholiken an verschiedenen Sonntagen im Herbst gefeiert, die evangelische Kirche setzte es auf den ersten Sonntag nach Michaeli (29. 9.) fest. Aber das Fest blieb – wie alle Erntefeste – trotz religiösen Anstrichs bis auf den heutigen Tag recht weltlich.
Wenn die letzte Garbe eingebracht war, trafen sich früher alle, die auf dem Felde gearbeitet hatten, im Bauernhaus und wurden dort fürstlich mit Essen und Trinken bewirtet.

Hans Baldung Grien
(1484/85–1545)
Hexen

Oft wurde die letzte Garbe kunstvoll zu einem Erntekranz oder einer Erntekrone zusammengebunden, mit Blumen und Früchten geschmückt und in festlichem Zug zum Anwesen des Bauernpaares gefahren, wo der Schmuck von den Mägden überreicht wurde. Die Erntekrone oder der Erntekranz wurden als glückverheißendes Zeichen und als Schutz gegen böse Wetter und Geister im Hause aufbewahrt oder – ähnlich dem Maibaum – auf eine Stange gehißt und im Hof des Anwesens aufgestellt, wo das Gebilde oft bis zur nächsten Ernte stehen blieb.

Der alte Fruchtbarkeitszauber der heidnischen Germanen lebte mit dem „Erntehahn“ auf. Im Lippischen ziert zum Beispiel ein großer hölzerner Hahn die Erntekrone. Und noch bis Mitte des vorigen Jahrhunderts schlug man in einigen Gegenden Pommerns am Ende der Roggenernte einem Hahn den Kopf ab, befestigte ihn auf einem mit Ähren und Feldblumen geschmückten Stock und trug ihn im fröhlichen Zug nach Hause. Dort wurde der Hahn gerupft, ausgenommen und über offenem Feuer gebraten und dann verspeist. Man glaubte wohl, daß damit die sprichwörtliche Fruchtbarkeit des Herrschers auf dem Hühnerhof auf den Menschen übertragen würde, der ihn verzehrte.

In Mecklenburg war es jahrelang Sitte, daß ein besonders unbescholtenes Brautpaar am Erntefest heiratete. Um baldigen Kindersegen herbeizuzaubern, durfte das Paar die letzten Halme schneiden und mit in sein neues Heim nehmen.

Recht heidnisch ging es noch im 16. Jahrhundert bei den niederdeutschen Bauern zu, die dem „Abgott Woden“, dem Wotan, ihre letzte Garbe weihten. Sie wären – so besagt ein zeitgenössischer Bericht – entblößten Hauptes mit aufgerichteten Sensen um die letzten Ähren herumgestanden und hätten dreimal gerufen:

Wode, Wode, hale dinem Rosse nu Foder,
nu Distel unde Dorn,
tom andern Jahr beter Korn.

Das war durchaus schlitzohrig gedacht: Würde der Wode im nächsten Jahr für noch bessere Ernte sorgen, so hätte sein Pferd dann ebenfalls ein sehr viel besseres Futter.

KIRCHWEIH UND ERNTEDANK

In vielen Gegenden fällt das Erntedankfest auch mit dem Kirchweihtag zusammen, der seit dem 9. Jahrhundert fest-

lich begangen wird. Zunächst war es der Jahrestag der Weihe einer Kirche, der aber dann aus verständlichen Gründen in den Landgemeinden auf einen Sonntag im Oktober oder November verlegt wurde. Dann war die Arbeit getan, und man konnte feiern.
Die Kirchmesse, Kirmes, Kirmse, Kirbe, Kerbe, Kermes, der Kirchtag oder wie sonst das Kirchweihfest genannt wurde, war mit dem Jahrmarkt verbunden und wurde mit Tanz und allerlei Volksbelustigungen zum Freudentag der Gemeinde. Wer besonders gern feierte, begann Anfang Oktober mit dem Erntedankfest, dem wenig später der Kirchweihtag folgte, und verlegte das Schlachtfest auf Martini oder in die Adventszeit. Verdient hatte man es ja. Nach der harten Arbeit wollte man sich nun über den Ertrag freuen.

Pflügender Bauer, franz. Kupferstich 1822

Erntefest, nach einem Blatt von Mettenleitter 1788

WENN DIE BAUERN NICHT WÄREN ...

Das ehemals freie Bauerntum der Germanen, dessen Grundbesitz nicht veräußert werden durfte und sich meist auf den ältesten Sohn vererbte, geriet schon im frühen Mittelalter in wachsende Abhängigkeit von adligen Grundherren. Nur wenige Bauern blieben frei, vor allem im Dithmarschen und in Tirol.

Erst in der Reformationszeit erhoben sich die wirtschaftlich vollkommen Abhängigen, beeinflußt von radikal-religiösen Bewegungen wie dem „Bundschuh“ oder dem „Armen Konrad“. In „12 Artikeln“ forderten sie neben freier Pfarrerwahl die Beschränkung des Zehnten, den sie an die Grundherren abliefern mußten, Aufhebung der Leibeigenschaft, Freiheit der Jagd, des Fischfangs und der Holzung sowie eine Neuordnung des Reichs.

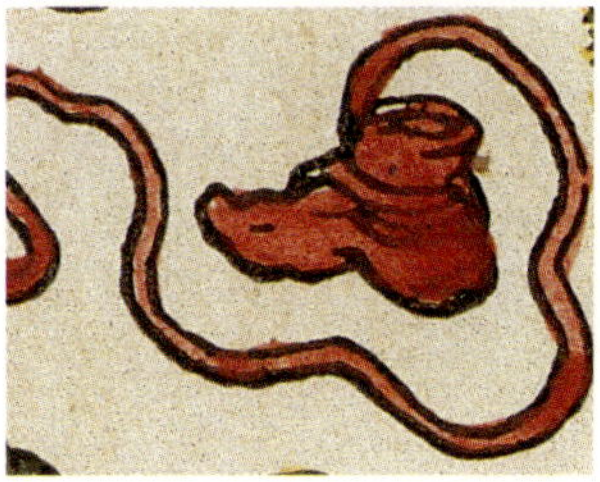

Die gerechten Forderungen unterstützten die Aufständischen mit religiösem Eifer. Sie verwüsteten Burgen und

Aufständische Bauern mit der Bundschuhfahne nehmen einen Ritter gefangen.
Holzschnitt 16. Jh.

Klöster, zerstörten die Heiligenbilder in den Kirchen, die sie „Götzendarstellungen" nannten. Unschätzbare Kunstwerke gingen damals verloren.
Martin Luther, der anfangs auszugleichen versuchte, wandte sich schließlich scharf „wider die räuberischen und mörderischen Rotten der Bauern". Er wollte das Evangelium nicht für irdische Zwecke mißbraucht sehen.
Die Fürsten warfen den Aufstand blutig nieder, wodurch sich das Los der Bauern von nun an nur noch verschlimmerte. Erst Ende des 18. und in der ersten Hälfte des 19. Jahrhunderts wurde der Bauernstand in Mitteleuropa von allen Einschränkungen seiner persönlichen und wirtschaftlichen Freiheit, besonders durch die Aufhebung der Leibeigenschaft und die Ablösung der bäuerlichen Frondienste und Lasten, befreit.
Selbst in der Zeit der Unterdrückung, als ihn die Städter einen „dummen Bauern" schimpften, und ihm die Grundherren mit immer höheren Forderungen das Leben schwer machten, behielt er seinen Stolz:

Der Bauer ist ein Ehrenmann.

Ein Ackermann – ein Wackermann!

Ein Bauer – ein Schlauer.

Er wußte, daß die Menschen in Stadt und Land ohne ihn und seine Arbeit nicht leben konnten.

Wenn Bauern nicht wären und ihre Güld',
so wär' ein Bettelsack der Edelleute Schild.

Mit Gottvertrauen ging er ans Werk. Das hatte er auch bitter nötig: Ein einziger Hagelschlag konnte die Arbeit eines ganzen Jahres zunichte machen und ihn und sein Gesinde an den Rand des Elends führen. Nur mit äußerster Sparsamkeit in einem guten Erntejahr konnte man ein schlechtes unbeschadet überdauern. Und er dachte sich sein Teil, wenn man munkelte:

Der Bauer ist auf einen Pfennig
wie der Teufel auf eine arme Seele.

Wer ihn einen Geizkragen schalt, sollte bedenken:

Hat der Bauer Geld, hat's die ganze Welt.

Der stolze Bauersmann hielt nichts von Krediten, denn:

Borgen – macht Sorgen;
drum muß man nicht mehr verzehren,
als der Pflug kann ernähren.

Aber als gottesfürchtiger Mann hatte er auch ein Herz für jene, die weniger besaßen als er selbst. Sein Wahlspruch hieß:

Was man den Armen gibt,
wächst in der Furche wieder.

Peter Paul Rubens (1577–1640)
Landschaft mit Regenbogen

Fischerei, franz. Kupferstich 1822

Mähen des Getreides,
franz. Kupferstich 1822

VOM KRUMM UND BUCKLIG SCHAFFEN

Ein Bauernleben kannte nur wenig Verschnaufpausen. Tagein, tagaus wurde gerackert und geackert und der Buckel krumm geschuftet.

Wenn der Bauer nicht krumm gehen kann,
ist der Acker übel dran.

Wenn sich der Bauer nicht bückt,
wird der Acker übel gepflügt.

Immer wieder machten ihm die Sinnsprüche Mut, die er in den Kalendern las oder sich selbst erdachte, wenn die harte Arbeit ihn fast schaffte:

Das beste Wappen in der Welt
ist der Pflug im Ackerfeld.

Glückselig ist der Mann,
der mit seinem Ochsen ackern kann.

Der Bauer ist nicht zu verderben,
man hau' ihm denn Hand und Fuß ab.

Arbeit erhält das Leben.

Fleißige Arbeit ist gewisser Reichtum.

Schmutzige Hand – segnet das Land.

Erneut klingt Stolz aus den Reimen:

Wer stets im Treuen schafft sein Sach',
darf stolz sein auf sein Tor und Dach.
Es sitzt kein Fürst so hoch im Land,
er nährt sich durch des Bauern Hand.

Im Sauerland deutete man diesen Spruch recht derb um:

Wenn de Biuren nit arbeit',
dann könnt de Könige nit kacken.

Und im Oldenburgischen sagte man gar:

Wenn de Buren utstarwt,
dann geiht de Welt ünner.

Wer im Dorfe herumschwänzte, der schadete sich selbst. Und wer spazieren ging oder hinter dem warmen Ofen süßem Nichtstun frönte, der brachte es zu nichts.

Wenn der Bauer durchs Feld spaziert,
dann ist sein Weizen mit Unkraut geziert.

Faul in der Arbeit und fleißig im Beten
ist Orgelspiel ohne Balgentreten.

Faule Bauern finden keinen guten Acker.

Sonnenscheu und Ofenwarm'
macht die reichsten Bauern arm.

Wer aber mit der Sonne aufstand, dem ging sein Tagwerk frisch vonstatten.

Ein früher Bauer kommt nicht um.

Steh' auf um fünf,
iß mittag um neun,
des abends um fünf
und zu Bett um neun –
so wirst du ein Mann
von neunzig und neun.

Dreschen des Korns,
franz. Kupferstich 1822

In der Backstube,
franz. Kupferstich 1822

Sicherlich war der Tagesablauf auf dem Lande trotz der Schwere der Arbeit gesünder zu nennen als der in der Stadt. Der Bauer kannte seine Pappenheimer, die seinem guten Vorbild nicht nacheiferten und von denen er sagte:

Abends wart de Faulen flitig.

Hans Sebald Beham (1500–1550)
Ländliche Tafelszene, kolorierter Holzschnitt

Geht die Sonne nach Westen,
arbeiten die Faulen am besten.

Beim Sonnenschein schlafen
und beim Mondenschein wachen,
wird niemand zum reichen Manne machen.

EIGNER HERD IST GOLDES WERT

Wir kennen wunderschöne Bauernhäuser und Gehöfte, die teilweise heute noch so gebaut werden wie vor einigen hundert Jahren. In manchen sind Wohnung, Scheune und Ställe unter einem Dach – wie im Schwarzwaldhaus, das in Form eines Walmdaches mit Schindeln und Platten gedeckt ist. Meist steht es an einem Hang. Von seinem Wohnteil aus sieht der Bauer hinunter ins Tal, und dem Hang zu kann er gleich in die Scheune einfahren und das Vieh in die Ställe treiben.
Alles unter einem Dach befindet sich auch im oberbayrischen Langhaus, das ein recht flaches Satteldach hat und größtenteils aus Holz gebaut ist, und im friesischen Haubarg, einem Ziegelhaus, das mit Reet, mit Riedgräsern, gedeckt ist.
Ein reines Fachwerkhaus, also ein mit Balken verstrebter Ziegelbau, ist das Niedersachsenhaus, dessen First noch heute mit gekreuzten Pferdeköpfen geziert ist. Diese Holzsymbole weisen auf eine alte Tradition der hannöverschen Bauern hin, die Pferdezucht. Gleichzeitig aber sollten sie, nach einem alten Aberglauben, böse Geister von der Türschwelle fernhalten. Auch das Niedersachsenhaus ist mit Reet gedeckt.
Ob es sich nun um Häuser handelt, in denen alles unter Dach und Fach gebracht werden konnte, oder wie etwa in Tirol die Scheune als freistehendes oder ans Haus anstoßendes eigenes Gebäude errichtet wurde – das Bauen ist nicht erst in unseren Tagen teuer geworden. Davon zeugen viele alte Bauernsprüche, die oft auch den Sparsinn der Landbevölkerung widerspiegeln:

Bauen kann nur der Habich – nicht der Hättich.

Man muß so bauen, daß man sich
nicht aus dem Haus hinausbaut.

Maurerschweiß – steht hoch im Preis.

Die Zimmerleut' und Maurer,
das sind die rechten Laurer;
eine Stunde tun sie essen,
eine Stunde tun sie messen,
eine Stunde rauchen sie Tabak,
damit vergeht der halbe Tag.

Eigen Haus ist Himmel und Hölle.

Man schätzte sich glücklich, ein Haus zu besitzen, auch wenn man von dem Ertrag der Äcker und Wiesen und der Viehzucht oft mehr als den Zehnten an den Landes- oder Grundherrn abliefern mußte.

Westfälischer Bauernhof, nach einer Zeichnung von Kessler

In seinem eigenen Hause ist jeder ein König.

Mein Haus ist meine Burg.

Freilich wußte man auch von der Gastrolle, die man auf Erden in seinem eigenen Haus spielt.

Ein jeder baut nach seinem Sinn,
und nachher wohnt ein anderer drin.

Ein Tiroler Hausspruch stellt dazu eine Frage, die niemand beantworten kann:

Das Haus ist mein und doch nicht mein;
der nach mir kommt, ist auch nicht sein;
und wird's dem dritten übergeben,
so wird's ihm ebenso ergehen;
den vierten trägt man auch hinaus –
nun sagt mir doch, wes ist das Haus?

Hier klingt die immerwährende Erbfolge an, aus dem Vergehen erwächst stets ein neues Werden.

Wenn ein alter Bauer stirbt,
so lacht das Geld
und weint das Feld.

Wer sich auf das Erben verließ, dem wurde im Mecklenburgischen entgegengehalten:

Wer sick verlött up 't Arben,
blifft'n Narr bet tum Starben.

Da war es besser, man arbeitete und lebte für den Augenblick, so wie das ein Holsteiner Spruch ausdrückt:

Eenmal left wi man, un dat is nu.

DER PATRIARCH AUF DEM HOF

So ganz ohne Erbschaft ging es nicht ab. Manch einer, dessen ältester Bruder den Hof des Vaters übernahm, sah sich nach einem Mädel um, das mangels männlichen Nachwuchses die Landwirtschaft des Vaters erben würde. Durch Hochzeitmachen vergrößerte so mancher Landwirt seinen eigenen Grund und Boden.

Weiber bringen mehr, als sie mitnehmen.

Man war trotz dieser wirtschaftlichen Gesichtspunkte noch wählerisch dazu, was ein Oldenburger Spruch so sieht:

Bi Frugenslüd un bi Pird
möt man ümmer tauirst nah den Beinen kiken.

Pieter Brueghel d.Ä.
(um 1528–1569)
Die Bauernhochzeit

Eine Frau mußte zupacken können und durfte sich nicht stundenlang mit Schönheitspflege beschäftigen.

Zwei Dingen nimmer trau:
dem Gras im Februar
und einer geschminkten Frau.

Ein Bauer regierte auf seinem Hof wie ein Patriarch. Er hielt nichts von der Gleichberechtigung, was einige derbe Sprüche wiedergeben:

's Weibersterben
ist kein Verderben,
aber's Rosseverrecken,
das bringt Schrecken.

Weibertod und Pferdeleben
einem Hause Reichtum geben.

Dar is meer Vordel bi,
wenn en Fro, as wenn en Koh starwt.

Wenn dem Bauern das Vieh steht
und die Frauen sterben,
kommt die Wirtschaft vorwärts.

Man muß bei diesen Sprüchen, die so kaltschnäuzig klingen, bedenken, daß vor zweihundert und mehr Jahren die Sterblichkeitsquote gerade junger Frauen sehr hoch war. Viele starben im Kindbett, und kein Arzt konnte sie damals retten. Man nahm das ebenso gottergeben hin wie die enorm hohe Säuglingssterblichkeit.
Der Bauer blieb nie lange Witwer, sondern sah sich in der Nachbarschaft nach einer geeigneten Frau um, die ihm die Hauswirtschaft führen und die Kinder erziehen konnte. Wenn sie ihm überdies noch etwas Heiratsgut in die Ehe mitbrachte, war er's zufrieden.

Haustiere auf dem Bauernhof, 19. Jh.

Anders dagegen war es mit dem Vieh. Bis zum Beispiel eine Kuh das erste Kalb werfen kann, verzehrt sie soviel, wie an Leistungsfutter zur Erzeugung von etwa 7000 Kilogramm Milch erforderlich ist. Es kostet also etwas, bis eine Kuh ihre erste wirtschaftliche Leistung vollbringen kann, abgesehen davon, daß die Milchergiebigkeit erst beim vierten Kalb die volle Höhe erreicht hat. Bis dahin aber kostet das Tier mehr als es einbringt, wenn man davon absieht, daß nicht alle Kälber aufgezogen werden, sondern manches auch der Fleischversorgung dient.
Man sah deshalb allezeit darauf, daß die Kühe nach den ersten niedrigen Ertragsjahren noch lange eine hohe Leistung vollbringen konnten, weshalb eine Bauernregel rät:

Soll sich lohnen deine Mühe,
halt' dir viele alte Kühe.

Für die Bauernburschen stand jedenfalls vor einigen hundert Jahren fest, wenn sie ins heiratsfähige Alter kamen:

Ein Bauer bekommt leichter
eine Frau als eine Kuh.

Albrecht Dürer (1471–1528)
Der Hase

Anscheinend wurde solch bäuerisches Denken nicht krumm genommen.

Wer den Dreschflegel ergreift,
muß die Geige vergessen.

Bauernköppe – harte Knöppe.

Als Kind schon mußten der Bursch und die Dirn mitarbeiten, damit man vielleicht einen Knecht oder eine Magd sparen konnte. Oft kam dabei die Schulbildung zu kurz, und erst als es Pflicht wurde, die Kinder zur Schule zu schicken, gab mancher Bauer nach:

Ein Maul voll Gras fürs Vieh
ist dem Bauer lieber als
eine Schulstunde für seine Kinder.

Und wenn der Städter verächtlich die Nase rümpfte:

Von Bauern kommen Bauern her...

...dann konterte er vielleicht:

Besser verbauert als versauert.

Die Bauern von heute sind anders gebildet als ihre Vorfahren. Wer Landwirt werden will, besucht meist eine gute Schule, an die sich noch ein oder zwei Jahre Landwirtschaftsschule anschließen. Drei Jahre Lehre als Landwirt und, wenn zum Hof des Vaters ein paar Hektar Wald gehören, eine weitere Lehre als Forstwirt kommen hinzu. Und dann kennen sie sich – als Meister ihres Faches – mit den modernen landwirtschaftlichen Maschinen und Methoden aus.

DIE VIELEN BERUFE DER BAUERSFRAU

Auch die Bäuerin von heute hat meist eine Landwirtschaftsschule besucht und nebenbei oft bei ihrer Schwiegermutter oder einer anderen Bäuerin eine gute Hauswirtschaftslehre durchgemacht. Das kommt dem Hof zugute, denn schon eine alte Bauernregel besagt:

Wer eine gute Hausfrau hat,
der bringt das Sein' in Rat.

Von jeher war die Arbeit auf dem Bauernhof so eingeteilt:

Wenn die Hausfrau in Küche,
Stall und Keller,
und der Herr in Scheune und Feld,
so ist die Wirtschaft wohl bestellt.

Eine rechte Bäuerin hat noch mehr Berufe als eine städtische Hausfrau:

Hauskehren und Windelwaschen
und sudeln und prudeln in der Aschen
und Hausarbeit durch die Wochen
und Schüsseln spülen und zu Essen kochen
und viel am Webstuhl wirken und nichts gewinnen
und Kühe melken und Garne spinnen
und des nachts am Rücken liegen –
die Arbeit ist all auf die Maid gediegen.

Mit anderen Worten: Schon vor vielen hundert Jahren werkelte die Bauersfrau vom ersten Hahnenschrei bis tief in die Nacht, und trotz häufigem Kinderkriegen ging die Arbeit weiter auf Hochtouren.

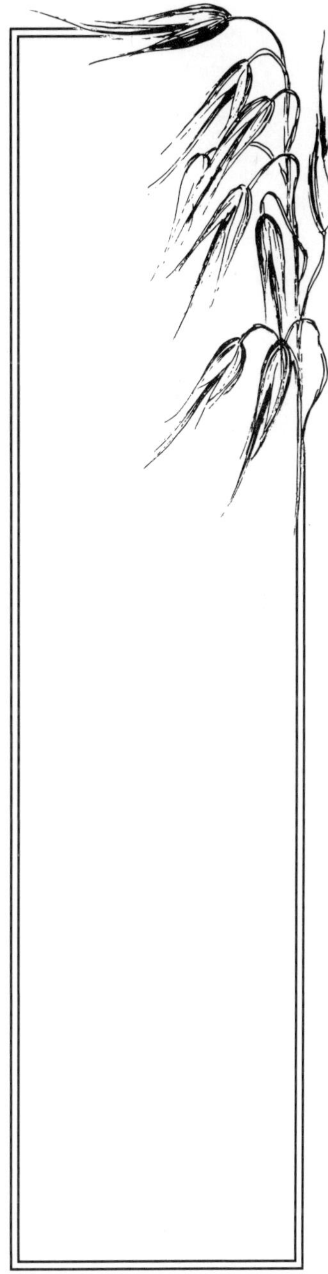

Ist die Frau mal nicht munter,
geht's bald drüber und drunter.

Mutterschutz war noch Anfang dieses Jahrhunderts auf dem Lande kein Gesprächsstoff. Die Bauersfrau arbeitete hart bis zum Beginn der ersten Wehen und oft schon nach ein oder zwei Tagen stand sie wieder am Herd, kochte für die Familie und versorgte so ganz nebenbei ihr Jüngstes.

Je länger im Bette, desto ärmer die Küche.

Wie sich im Mittelalter ein Bauer seine Bäuerin vorstellte, besagt dieser alte Spruch:

Was soll ein megdlein hüpsch und zart
ei'm groben dicken bauren hart?
Ei'm bauren gehört ein beurin starck,
die jhm mach butter, käss und quarck.

DIE REZEPTE DER HALBEN DOCTORIN

Wahrscheinlich hat man alle Zeit zuviel von einer Bauersfrau verlangt. Sie durfte ihre Hände nie in den Schoß legen.

Eine gute Hausmutter darf nie ledig gehen.

Und – möchten wir fortfahren – sie mußte einfach alles können. Wie zum Beispiel dieses:

Eine jede Hausmutter
sollt' eine halbe Doctorin sein.

Sie kannte viele Hausmittel, mit denen sie ihre Kinder, ihren Mann und auch das Gesinde gesund pflegen konnte. Die Kräuter im Weihbuschen, von denen wir bei den Lostagen

unter dem 15. August, dem Tag Mariä Himmelfahrt, gelesen haben, waren Hausmittel gegen viele Krankheiten.
Darüber hinaus wurde aus Kräutern mancher Trank hergestellt, der bei passender Gelegenheit den Kranken gesund machen sollte.
Vor dem Schlafengehen kochte man zum Beispiel einen Tee aus Johanniskraut, um Schlafstörungen zu beseitigen. Der sollte auch bei Nachtwandeln und Bettnässen helfen. Heute wissen wir, daß Johanniskraut-Tee bei nervösen Störungen helfen kann.
Die Schafgarbe galt als Bauchwehkraut, auch von ihr goß man einen Sud auf, der Verkrampfungen der Bauchorgane lösen sollte. Schon vor einigen hundert Jahren wußte man aber, daß ein Zuviel dieser Medizin eher schaden kann.
So war das nicht nur beim Schafgarben-Tee, sondern auch bei dem, den man aus dem Wermut zauberte, der nicht nur Blähungen abtrieb, sondern auch gleichzeitig den Appetit anregte.

Pieter Brueghel d.Ä.
(um 1528–1569)
Behandlungszimmer eines Arztes

Königskerze

Über die heilende Wirkung der Pfefferminze ist man sich heute noch einig. Die Pfefferminzblätter werden von Mai bis August gesammelt und dann getrocknet. Der Tee wurde im Mittelalter nicht nur zur Behandlung von Krämpfen im Unterleib und bei Erkältungskrankheiten getrunken, sondern er galt auch als potenzsteigerndes Mittel.
Das gallig-bittere Tausendgüldenkraut ist eine der ältesten Heilpflanzen überhaupt. Es hilft bei Stoffwechselkrankheiten, Leber- und Gallenleiden und beseitigt Darmträgheit. Man behandelte auch manche Hautausschläge, sogar Wunden und Geschwüre mit Umschlägen und Waschungen. Dazu kochte man einen dicken Sud aus diesem Kraut.
Ein Aufguß aus getrockneten Blüten der Königskerze wurde ebenfalls für Umschläge und Waschungen gegen Flechten, Geschwüre und Hämorrhoiden genommen. Der Tee dieser Blüten hilft auch bei Erkältungskrankheiten.
Die Wunderwirkung der Kamille wird bis in unsere Zeit gerühmt. Der Kamillentee wirkt entzündungshemmend und krampflindernd bei Hals- und Mandelentzündungen. Kamillendampf ist ein bewährtes Kampfmittel gegen Schnupfen und Entzündungen im Nasenbereich. Ein Kamillendampfbad galt schon vor einigen hundert Jahren auch als Schönheitsmittel.
Als Fliedertee kennt man das Getränk, das aus den Blüten des schwarzen Holunders aufgegossen wird und ein vortreffliches Grippemittel ist. Die Wurzeln des Holunders sind harntreibend. Und ein Tee aus abgekochter, getrockneter Rinde hilft bei Nierenentzündungen und Stuhlverstopfung. Holundersaft oder ein Tee aus getrockneten Holunderbeeren konnte Nervenschmerzen und Verdauungsstörungen lindern und wurde auch bei Gicht und Rheuma angewandt. Übrigens fanden viele Bäuerinnen den Holunder gleich vor dem Haus. Denn seit alten Zeiten stehen die Sträucher als Begrenzungen von Gärten und Feldern hoch im Kurs, schützen sie doch vor bösen Geistern. Wer sich zum Beispiel unter einen Holunderbusch schlafen legte, der war vor jeder Hexe sicher. Das ist ein Aberglaube, den mancher Bursch ausnutz-

te, indem er sein Schäferstündchen unter einem Holunderstrauch hielt, wohlwissend, daß das Mädel, wenn es mitging, ganz gewiß keine Hexe sein konnte.
Ein Aufguß von Arnika, das man vor allem auf feuchten Wiesen, in Wäldern und auf den Almen des Hochgebirges findet, hilft – äußerlich angewendet – bei Bluterguß, bei Quetschungen und Entzündungen.
Noch viele andere heilende Kräuter kannte die Bauersfrau. Wir haben hier nur die neun üblichen des bayrischen Weihbuschen als Beispiel angeführt. Mancher, der vielleicht bisher die Weihe dieses Kräutersraußes an Mariä Himmelfahrt als abergläubischen Unsinn abgetan hat, mag nun wohl verstehen, daß die Weihe möglicherweise nur den einen Sinn hatte, die Landbevölkerung mit den natürlichen Heilmitteln bekannt zu machen. Die Bäuerin als „Doctorin" nahm jedenfalls diese Anregung gerne auf und half damit ihrer Familie und dem Gesinde.

Virginie Waltenberger
Wiesenblumenstrauß

BAUERNTRACHT – SELBSTGEMACHT

Wir kennen wunderschöne Bauerntrachten, die auf dem Lande auch heute noch als Sonntagsstaat getragen werden. Früher wurden sie von Hand zusammengefädelt.

Die schönste Bauerntracht
ist: selbstgesponnen, selbstgemacht.

Und damit haben wir einen weiteren Beruf der Bäuerin: Sie war auch Näherin und Schneiderin. In der Spinnstube sorgte sie mit den Dorfmädchen für Garn und Wolle, die dann auf dem Webstuhl zu Tuch verarbeitet wurde. Der schönste Stoff aber mußte immer für die Tracht herhalten.
Wer sich beim Nähen ungeschickt anstellte, weit ausholend mit zu langem Faden abmühte, dem hielt man die alte Bauernweisheit vor, die zum Sprichwort wurde:

Kleine Fädchen – fleißige Mädchen.
Große Faden – faule Maden.

Natürlich wurde auch die Bettwäsche selbst hergestellt, wobei man sich nicht im Material vergreifen durfte:

Wolle liegt sich zu Mist,
Flachs liegt sich zu Seide.

In manchen Gegenden war blütenweißes Bettzeug ein Zeichen für die Reinlichkeit der Hausfrau, die sich aus manchen Sprüchen in Bauernkalendern Rat holen konnte:

De Hitte – bringet de Witte.

Im Märzenschnee die Wäsche bleichen,
da müssen alle Flecken weichen.

„Das Einmachen in Zucker und wie man Pomeranzen, Schelfen und Pfersich condiert", um 1687

Bi der Wäsche maut man't Tüg
drügen in'n Sommer,
dat et klappet,
in'n Winter, dat et knacket.

Obwohl die Tätigkeit in Feld und Garten eine rechte Drecksarbeit ist, war für die Hausfrau, die etwas auf sich hielt, Reinlichkeit in den Wohnstuben oberstes Gebot. Deshalb hielt sie ihren Mägden wohl manchmal vor:

Auch in der Eck' muß es rein sein.

Und wenn sich dann die Magd entschuldigte, sie habe auf des Pfarrers Geheiß erst den Rosenkranz beten müssen und darüber fast die Arbeit vergessen, mußte sie den alten Spruch hören:

Ein Mädchen, das gätet,
ist besser als ein Mädchen, das betet.

Auf jedem Gebiet mußte die Bauersfrau Höchstleistungen erbringen und durfte doch nicht gegen ihren Mann, den Patriarchen, aufmucken, der ihr möglicherweise immer wieder vorhielt:

Eine gute Hausfrau mehrt das Haus,
die schlechte trägt's zur Türe 'naus.

Ihr gab man auch die Schuld, wenn die Wintervorräte zur Neige gingen und vielleicht Schmalhans Küchenmeister wurde. Deshalb heißt es in einem norddeutschen Spruch:

'ne gaue Husfrue
kennt man an der Vorratskammer.

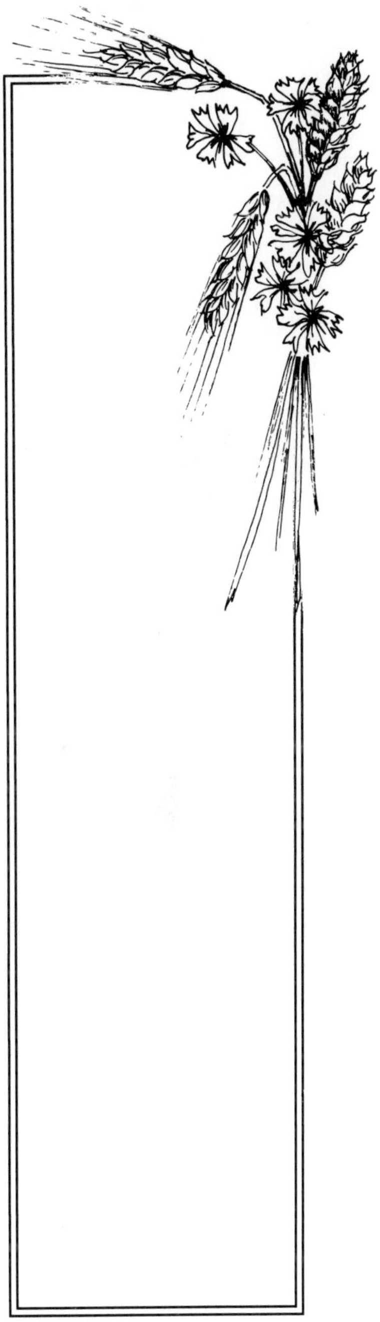

WAS MAN AUF DEM LANDE LAS

Erwähnt wurde schon, daß die Lektüre der Landbevölkerung in früheren Jahrhunderten neben der Bibel aus Kalendern bestand, die mit allerlei Tips und Traktätchen angereichert waren. Diese Prognostiken und Bauernpraktiken, mit vielen Regeln und Sprüchen versehen, waren sehr beliebt.

Den größten Erfolg aber hatte, bis in unsere Tage hinein, der sogenannte „Hundertjährige Kalender". Sein Verfasser war der Abt des Klosters Langheim bei Kulmbach, Dr. Maurizius Knauer. Der Abt verbrachte manche Stunden mit mathematischen und astrologischen Studien, in einer kleinen Sternwarte, dem „blauen Thurme" seines Klosters. Und so kam er auf die Idee, das Wetter sieben Jahre lang systematisch zu beobachten.

DER „HUNDERTJÄHRIGE"

Diese Studien schloß er im Jahr 1654 ab und schrieb sie in einem „Beständigen Hauskalender" nieder. Er ging davon aus, daß die sieben Planeten des Ptolemäischen Systems, Saturn, Jupiter, Mars, Sonne, Venus, Merkur und Mond, der Reihe nach die Witterung eines Jahres bestimmen würden. Ein Saturnjahr war demnach „einer kalten Natur und etwas wenig trucken", das Jupiterjahr „warm und feucht, mittelmäßig und lüfftig", das Marsjahr „sehr hitzig und trucken", ein Sonnenjahr „mittelmäßig gut, warm und trucken", unter der Venus waren die Temperaturen „feucht und warm, doch minder dann Jupiter", unterm Merkur „einer veränderlichen und unbeständigen Natur... kalt und trucken" und unterm Mond „kalt und feucht, doch etwas wenig warm dabey".
Dieser Kalender war eigentlich nur für die Ordensbrüder des Abtes bestimmt, kam dann aber in die Hände des thüringischen Arztes Christoph von Hellwig, der in Eisleben aus dem eigentlich siebenjährigen Kalender einen hundertjährigen

machte, der in vielen Auflagen als meteorologisches Wunderwerk gepriesen wird, obwohl er auf astrologischer Grundlage erstellt ist.
Vor allem die Landbevölkerung glaubte an die Richtigkeit dieses Kalenders, und man vergaß darüber manchmal seine eigenen Erfahrungen. Wie gut, daß neben dem „Hundertjährigen" noch viele andere Haus- und Bauernkalender weiter gedruckt wurden, die zwar die Vorhersagen von Knauer veröffentlichten, aber auch die alten Regeln wieder aufleben ließen, ja, sogar neu entdeckten. Ihnen entstammen viele Ratschläge und Sprüche, die in diesem Buch niedergeschrieben sind.

IMMERWÄHRENDE KALENDER

Der Abt Knauer schrieb nicht einen hundertjährigen, vielmehr einen immerwährenden Kalender; und er

Ewiger Kalender aus dem 18. Jh.

war auch nicht der erste, der auf solche Idee gekommen wäre.
Aus den Keilschriftfunden wissen wir, daß die Babylonier an solch „immerwährendem“ Kalender arbeiteten. Im 5. Jahrhundert vor Christi hat Meton, der Reformator des griechischen Kalenders, bereits in 19 Jahren die Winde und den Wechsel der Witterung aufgezeichnet.
Natürlich triumphierte in diesen Aufzeichnungen, wie auch in späteren griechischen und römischen Wetterkalendern, die aus dem Orient stammende Astro-Meteorologie. Deren letzter Vertreter, eben der Abt Knauer, schrieb – ohne es selbst zu wollen – einen Bestseller, dessen Auflage nur noch von der Bibel übertroffen wird. Und das, obwohl er nur für den deutschsprechenden Raum geschrieben hat.

DIE SCHERZE DER KALENDERMACHER

Es ist zweifellos das Verdienst der Kalendermänner, daß die Regeln und Sprüche der Bauern überliefert wurden. Von den zum Teil gereimten Wetterweisheiten profitierte die meteorologische Forschung, die nicht auf die Erfahrungssätze aus einigen tausend Jahren verzichten mag. Die Sprüche aus bäuerlicher Lebensart und Lebensklugheit sind zum Teil in den Sprichwortschatz übergegangen.
Aber unter den Kalendermännern gab es auch eine Reihe von Sprücheklopfern, die Scherzregeln für das ganze Jahr parat hatten – wie etwa diese:

Gibt’s Schnee und Eis im Januar,
so fängt mit Kälte an das Jahr.

Auf das kannst du zählen jederzeit,
daß es am 30. Februar nicht schneit.

Stellt sich im März schon Donner ein,
so muß das ein Gewitter sein.

Stellt sich im April der Regen ein,
dann hat man keinen Sonnenschein.

So der Storch dir im Maien ein Kind beschert,
die Familie wird um ein Haupt vermehrt.

Fällt Juniregen in den Roggen,
so bleibt der Weizen auch nicht trocken.

Schmerzt dir im Juli mal das Bein,
dann wird's das rechte oder linke sein.

Macht der August den Menschen heiß,
geraten sie leicht in großen Schweiß.

Geraten im September die Reben,
wird's in der Folge viel Räusche geben.

Prügelt im Oktober der Jäger seinen Hund,
so tut er es mit oder ohne Grund.

Wenn im November der Schornstein raucht,
wird in der Küche viel Holz verbraucht.

Gefriert's an Silvester in Berg und Tal,
geschieht es dies Jahr zum letzten Mal.

Aus den oft von der Landbevölkerung eingesandten und in Kalendern veröffentlichten Witzen geht nicht nur der Humor des Bauernstandes hervor, sondern auch die derbe Lebensfreude, mit der man des Tages Arbeit vollbrachte und die karge Freizeit ausfüllte. Und mit humorigen Kurzgeschichten wollen wir dieses Buch beschließen.
Recht derb sind die Witze, die in Schwaben erzählt wurden:

„Heut' darf ma net in Bach scheißa, d' Bräuer sieda", ruft der Ausscheller (Ausrufer).

„Der Gescheitest gibt nach. Ochs, gib du nach!" hat der Bauer von der Alb zu seim Ochsen gsait.

„Drinn ist's glei, aber hauße net", sagte die Bäuerin, als sie ihr erste Kind bekam.

Auch die Franken tragen zu dieser kleinen Sammlung bei:

„Da geschieht auch der erste Stich zu einem Paar kalbsledernen Schuhen", sagte der Bauer, als der Stier auf die Kuh stieg.

Hans Sebald Beham (1500–1550)
Liebespaar am Zaun sitzend

„Wenn nur der Buckel auch Bauch wäre", sagte der Bauernbub an der Kirchweih, als er sich sattgegessen hatte und noch Hirsebrei kam.

Die Ostfriesen-Witze gab es auch schon vor hundert und mehr Jahren – wie diese beiden:

„Wat hebb' wi 'n Lust hat", sä de Fehling, do harren se mit söven (sieben) en Glas Beer (Bier) hat.

„De Bokweten (Buchweizen) ist nich ir (eher) säker (sicher), bet he in'n Magen is", sä de Bur, da fällt em de Pannkoken in de Ask (Asche).

„Nimm die Füß' in acht, oder ich tret' dich!" sagte der Hahn zum Hengst.

Was man lange vor Hermann Löns von den Dichtern in der Heide dachte, beweist dies:

„Hei is 'n Dichter!" seggt de Buere. „Hei makt ut'n Furz 'n Dönderslag!"

Man fand an der Waterkant nichts dabei, wenn man recht deftig über die Liebe philosophierte:

„Wer kann vör Gewalt?" seggt de Deern, do trock (zog) se den Kerl in't Bett.

„Dat kommt nich von ungefähr, dat kommt von ganz wat anners her", säd de Deern, da harr se 'n dicken Buck (Bauch) kregen.

Und was man im Norddeutschen von der hohen Politik hielt, ergibt sich aus diesem Ausspruch:

„Denn Politik", seggt de Bur, „is anners seggen as don!"

Im Mecklenburgischen gab's vor Zeiten noch keine Gleichberechtigung der Geschlechter:

„Das setzt neue Liebe", seggt de Bur und slet (schlägt) sin Fru mit 'Bessenstiel.

Mittelalterliches Denken verrät der nächste Witz aus Schlesien:

„'s ist bluß meine Frau ertrunken", sagte der Bauer, „ich duchte, 's wär en Kolbe (Kalb) ei a Teich gefoll'n."

Im Hannöverschen erzählte man sich diesen Tierwitz:

Wenn de Swäleke (Schwalben) wie 'ne Gos (Gans) schieten will, sau bastet (berstet) er dat Aslock.

Über den „Parrer in de Kerch" beschwerte sich ein Pfälzer Bauer:

„Jedes Ding hat ein End', aber eine Predigt in unser Kerch net."

Am Niederrhein waren anscheinend nicht die Professoren, sondern die Bauern zerstreut:

„Bei Gott ist alles möglich", sei der Bur, do brocht hei de Rünn (Wallach) no zu den Hengst.

Wie mancher Kalendermacher von der Ehe dachte, geht aus dem Geschichtchen hervor, das unser Buch beschließen soll:

„Vor Ostern wird nun doch nichts draus werden können", sagte eine junge Witwe, als ihr die Freunde auf dem Heimweg vom Begräbnis ihres Mannes zuredeten, den Knecht zu freien. Und das war am Karfreitag gewesen ...

LITERATURHINWEISE

Aratos: Sternbilder und Wetterzeichen, übersetzt von A. Schott, 1958
Bosch: Über Wetter- und Bauern-Regeln, 1852
Dazur: Wetterzeichen überall, 1959
Deutsche Lyrik des Mittelalters, übersetzt von Max Wehrli, 1955
Deutscher Minnegesang, übertragen von Bruno Obermann
Duwe: Das Bayerisch-Österreichische Volksleben in Neithards Liedern, 1882
Eilert Pastor: Deutsche Volksweisheit in Wetterregeln und Bauernsprüchen, 1934
Eugen Fehrle: Deutsche Feste und Volksbräuche, 1916
Hans Fischer: Aberglaube oder Volksweisheit, 1936
Hermann Gauch: Kalender und Brauchtum, 1939
Heinz Grube: Bauern-Regeln und Los-Tage, 1905
Georg Haddenbach: Weissagen, Hellsehen, Kartenlegen, 1983
Georg Haddenbach: Wenn die Schwalben niedrig fliegen … Bauernregeln, 1984
Hans Hahne: Von deutschem Jahreslauf und Brauch 1926
Bruno Haldy: Die deutschen Bauernregeln, 1923
Albert Hauser: Bauernregeln, 1975
Gustav Hellmann: Meteorologische Volksbücher, 1891
Gustav Hellmann: Versuch einer Geschichte der Wettervorhersage im 16. Jahrhundert, 1924
Gustav Hellmann: Über den Ursprung der volkstümlichen Wetter- und Bauernregeln, 1925
Richard Hennig: Praktische Wetterregeln für jedermann, 1921
Hesiod: Werke und Tage
Karl Kähler: Wolken und Gewitter, 1940
Herbert Köhler: Erst besinn's, dann beginn's. Alte Bauernregeln – neu gesehen, 1953
Helene Kostenzer: Alte Bauernweisheit, 1975
Eduard Kück/Heinrich Sohnrey: Feste und Spiele des deutschen Landvolks, 1925
Louis Läßner: Die deutsche Dorfdichtung, 1907
Gerhad Leibold: Heilkräuter, Modernes Lexikon der Pflanzen und Anwendungen, 1980
Friedrich Lembke: Buntes Dorfleben, 1935
Petri: Des Landwirths Orakel, 1866
Erich Przybyllok: Unser Kalender in Vergangenheit und Zukunft, 1930

Otto v. Reinsberg-Düringsfeld: Das festliche Jahr, 1898
Leonhard Reynman: Wetterbüchlein, 1505
Leonhard Reynman: Bauernpraktik, 1508 und 1543
Eugen Richter: Die Witterungskunde für den Haus-, Land- und Forstwirt, 1900
H. Rosenfeld: Kalender, Einblattkalender, Bauernkalender und Bauernpraktik, 1962
K. Schneider-Carius: Wetterkunde, Wetterforschung, 1955
Rolf Siegel: Sprache der Wolken, 1949
Ludwig Sig: Vorgregorianischer Bauernkalender, 1905
Vergil: Georgica (Landbau)
Alexis Yermoloff: Der landwirtschaftliche Volkskalender, 1905

BILDQUELLEN

Archiv für Kunst und Geschichte
Seiten: 16, 19, 46, 47, 80, 162/163, 168/169, 173, 179, 188

Bayerische Staatsgemäldesammlungen, München, Alte Pinakothek
Joachim-Blauel-Artothek, Planegg
Seite 165 und Umschlag

Historia-Photo
Seiten: 8, 9, 12, 14, 15, 32, 41, 93, 94, 96, 98, 101, 109, 133, 137, 151, 152, 159, 161, 166, 171, 175

Helene Mansshardt

Germanisches Nationalmuseum
Seiten: 86/87, 133, 146–149

Sammlung Deutsches Brotmuseum, Ulm
Seite: 115

Hermann A. Wiechmann Kunstverlag, Starnberg

Elisabeth Lüpkes-Franck, Bremen

Gertrud Schadow

Virginie Waltenberger, Berchtesgaden

Verlagsarchiv